普通高等教育"十二五"规划教材

建筑学与城市规划专业系列

快速建筑设计

韩　颖　主编

沈　宁　副主编

化学工业出版社

·北京·

本书分为3章。第1章介绍了快速设计与快题考试的内容、要求，提出拓展设计思路是丰富快速建筑设计的有效途径，介绍了基本的建筑风格和设计原则，启发学生通过设计的全局观、生态观，从不同的设计方法中探索适合自己的设计方法，也拓宽自身建筑基本知识与设计语汇的储备和运用。第2章介绍了快速建筑设计的程序，包括建筑及其室内外环境设计，以建筑设计和制图规范、设计方法和美学理论为准绳，力求提高学生在建筑的不同设计阶段（从分析到概念构思到方案生成）和设计范围（包括室内外环境）中所需的分析和表达能力，强调丰富的生活体验对培养学生快速设计能力具有重要价值。第3章快速设计案例评析，选取了不同风格的快速设计作业——既有理工科学生设计制图的理性严谨，也有艺术院校学生挥洒自由的设计表现。针对一些作业中设计和表现出现的问题作了分析和评价，特别是一些功能上不符合规范要求和制图表达有误的案例应予以借鉴。

　　本书可作为高等院校建筑学、城市规划、环境艺术设计等专业师生的教学参考用书，也可作为建筑设计专业快速设计课程及快题考试的参考教材，同时可供室内设计、景观规划设计等专业课程设计及快速表现参考使用。

图书在版编目（CIP）数据

快速建筑设计/韩颖主编. —北京：化学工业出版社，2012.6（2023.8重印）
普通高等教育"十二五"规划教材·建筑学与城市规划专业系列
ISBN 978-7-122-14189-7

Ⅰ.快… Ⅱ.韩… Ⅲ.建筑设计-高等学校-教材
Ⅳ.TU2

中国版本图书馆CIP数据核字（2012）第087556号

责任编辑：尤彩霞　杨　宇　　　　　　　　　装帧设计：关　飞
责任校对：陶燕华

出版发行：化学工业出版社（北京市东城区青年湖南街13号　邮政编码100011）
印　　装：北京虎彩文化传播有限公司
889mm×1194mm　1/16　印张9¹/₂　字数298千字　　2023年8月北京第1版第5次印刷

购书咨询：010-64518888　　　　　　　　　售后服务：010-64518899
网　　址：http://www.cip.com.cn
凡购买本书，如有缺损质量问题，本社销售中心负责调换。

定　　价：49.50元

普通高等教育"十二五"规划教材·建筑学与城市规划专业系列

《快速建筑设计》编写人员

主　　编：韩　颖

副 主 编：沈　宁

参编人员（按编写章节顺序）

　　　　　韩　颖　金陵科技学院

　　　　　陈　斌　金陵科技学院

　　　　　梁献超　金陵科技学院

　　　　　沈　宁　解放军理工大学

　　　　　李大雁　南京艺术学院

　　　　　张继之　东南大学成贤学院

　　　　　张启菊　金陵科技学院

　　　　　王海英　金陵科技学院

　　　　　殷　珊　三江学院

　　　　　曲志华　南京艺术学院

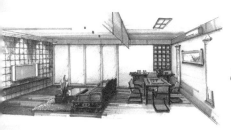

总序

　　建筑学是研究建筑物及其环境的学科，它旨在总结人类建筑活动的经验，以指导建筑设计创作、构造某种体形环境等。建筑学是技术和艺术相结合的学科，两者密切相关，相互促进。技艺在建筑学发展史上通常是主导的一方面。在一定条件下，艺术又促进技术的研究。

　　城市规划专业是研究城市的未来发展、城市的合理布局和管理各项资源、安排城市各项工程建设的综合部署的学科。

　　由于建筑学、城市规划学在人居环境科学中的重要地位，以及伴随着2010年世博会在中国上海的举办，建筑学、城市规划专业在我国的高等和职业教育中将会越来越受到重视。

　　目前对于国内普通的应用型本科院校师生来说，普遍面临理论课时压缩、实践比例提高、加强"宽口径、重基础"等教学观念转变的严峻局势，已经出版的研究型教材已不能完全适应当前应用型本科相关专业的教学要求。因此，针对以上问题，本套应用型本科建筑学、城市规划学系列教材在强调教学的针对性和时效性的同时，侧重与工程实践相结合，具有继承性与创新性、全面性与系统性、实用性和适用性的三大主要特点。系列教材由设计理论类课程、设计应用类课程、土木工程类课程、职业素质类课程四大部分构成。

　　本套系列教材主要均由建筑学、城市规划及相近专业的教师编写，参编人员的教学研究方向涉及建筑学、城市规划、土木工程、工程管理、室内设计等学科领域，在教学、科研和实践应用上均有较为丰富的经验，因此本套系列教材对教学和工程实践均具有较强的指导作用，适用于建筑学、城市规划及相近专业的高等教育、职业培训和相关工程技术人员参考使用，实用性广、适用性强。希望本系列教材的出版，能够促进高等院校应用型本科建筑学、城市规划专业教学的进一步发展，为培养更多的优秀建筑、城市规划学科的人才起到积极、有益的作用。

全国高等学校建筑学专业指导委员会委员：王万江

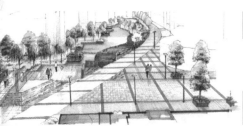

序

　　近日，南京金陵科技学院建筑工程学院的韩颖老师请我为她主编的教材《快速建筑设计》写一篇序。因为同是高校的建筑设计老师，自然对建筑学的教材倍加关注，因此我欣然答应。

　　我思索过本教材名为"快速建筑设计"，不仅指建筑设计师快速地完成建筑设计任务，而且强调快速设计中的图纸表现，也就是多年来考研和设计院招聘中常用的快题考试形式：通常是6～8小时内在一张一号图纸上完成一个建筑设计的方案，要求有总平面、平面、立面、剖面、效果图，以及设计说明等。在这张图纸上可以看出学生方案设计的水平和设计表现的能力。为了提高建筑设计快图的表现能力，各相关院校的本科教学中设置了建筑设计的快图训练课程，有些学校在考研前还办了建筑快图训练班。

　　当然建筑快图训练的目的也绝非仅此一点。最近我讨教过一位前辈建筑设计大师："为什么目前欧美国家在建筑教育中主要采用做模型的方法进行建筑表现训练，而我们大多采用快图的形式？"回答如下："1. 做模型和画快图各有所长。2. 通常方案的终结阶段用模型更能全方位的表现设计效果。而在方案的开始和过程中，用快图更能快速、便捷地表现设计者的思想。另外在欧美国家的建筑教育中也不是完全不作快图训练。"因此，我明白了一个道理：快图的训练仍然是建筑设计教育的重要组成部分。因此我也明白了韩颖等老师编写教材《快速建筑设计》的用心。

　　我编写过一些教材，深知要完成一本好的教材首先要有一个较强的编写组，对于图文并茂的教材，编写组的成员还必须既能写又能画。正如我所了解的主编韩颖、副主编沈宁，以及参加编写的张继之、李大雁、殷珊等人大多都是建筑学院的教师，他们担任过快图教学的任务，同时又有较强的建筑设计能力，他们通晓快图设计的方法，深知教材的内容如何适应建筑设计教学的需要。

　　我翻阅了《快速建筑设计》，觉得是一本优秀教材，它的内容系统性强、特色明显、结构完整，示范作用大，能很好地适合建筑学本科的快图教学。《快速建筑设计》的出版无疑是对建筑设计快图教材的完善。为此我对教材的编写表示祝贺，同时也希望他们能够再接再厉，继续编写出新的更加优秀的教材。

东南大学建筑学院教授、博导：高祥生

高祥生

2012年6月

前言

　　建筑学是一门集艺术和科学为一体的学科，所以建筑设计教育应该被视为一种具有强化、整理、执行基于人类传统和自然系统知识的建筑及其环境设计理念的能力的表现。在规划社会和个人的环境需要时，建筑师应成为一个能够解决不同需求所引发的潜在矛盾的专家。《快速建筑设计》是为了满足市场上对快速设计理论及快题设计案例良好结合起来的参考资料的需求而编写的，通过提供丰富的设计案例，包括实际的工程案例和优秀的学生作业，把学生从为快速设计方案及表现收集资料和信息的学习中解放出来。

　　掌握基本的建筑知识和积累丰富的设计语汇在快速建筑设计中是十分重要的。《快速建筑设计》教材的特色在于理论和实践的结合，引入提高设计形式创造能力的图解、符号、仿生、分形、绿色、技术和体验等较新的设计方法，以一些南京民国建筑为实例，因为早期环境意识和历史性建筑保护观念的形成对于未来的建筑师和更大范围的社会成员而言都具有十分重要的意义。

　　本书分为3章。第1章快速设计的原理，介绍快速设计与快题考试的内容、要求，提出拓展设计思路是丰富快速建筑设计的有效途径，介绍了基本的建筑风格和设计原则，启发学生通过将建筑室内外环境纳入到建筑设计系统中统一考虑的全局观、生态观，从不同的设计方法中探索适合自己的设计方法，也拓宽自身建筑基本知识与设计语汇的储备和运用。第2章快速设计的程序，包括建筑及其室内外环境设计，以建筑设计和制图规范、设计方法和美学理论为准绳，力求提高学生在建筑的不同设计阶段（从分析到概念构思到方案生成）和设计范围（包括室内外环境）中所需的分析和表达能力，强调丰富的生活体验对培养学生快速设计能力具有重要价值。第3章快速设计案例评析，选取了不同风格的快题设计作业——既有理工科学生设计制图的理性严谨，也有艺术院校学生挥洒自由的设计表现。编者针对一些作业中设计和表现出现的问题作了分析和评价，特别是一些功能上不符合规范要求和制图表达有误的案例应予以借鉴。本书是建筑设计专业快速设计课程及快题考试的教材，也可供室内设计、景观规划设计等专业课程参考。

　　本书由金陵科技学院建筑工程学院、东南大学成贤学院建筑艺术系、解放军理工大学工程兵工程学院、南京艺术学院设计学院和三江学院建筑系五所高校共同编写，统稿韩颖、沈宁，校对绳勇。具体如下：

第1章　快速设计的原理
1.1　快速建筑设计综述　　　　　韩颖
1.2　快题设计与快速表现　　　　韩颖、陈斌、梁献超
1.3　拓展快速建筑设计思路　　　韩颖
第2章　快速设计的程序
2.1　建筑快速设计　　　　　　　韩颖
2.2　建筑室内环境快速设计　　　沈宁
2.3　建筑室外环境快速设计　　　李大雁、韩颖
2.4　设计图纸表现　　　　　　　张继之、张启菊、王海英
第3章　快题设计案例评析　　　　韩颖、沈宁、张继之、陈斌、殷珊、梁献超、李大雁、曲志华

　　感谢南京EAU建筑规划设计公司的张骏董事长为本教材提供了结合实际工程的设计图，这些案例从设计方案到设计表现都具有很高的学习和参考价值。感谢金陵科技学院建筑工程学院建筑学专业的王锡惠、齐朦、吴挺、何雯、樊云龙、汪丽雯、杨嫣娓、韩蕊、周佳玥、吴昇奕、陈阳月等同学为本教材中建筑和室内快速设计表现部分绘制的范图，感谢东南大学成贤学院建筑艺术系的陈潇、杨慧、黄飞等同学为建筑室外环境设计表现部分绘制的范图，本书图片的作者均在书后做了说明，在这里一并表示感谢。

　　限于编者的水平，书中的不妥之处，恳请指正！

编　者
2012年6月

目录

第3章　快题设计案例评析　/092

第1章 快速设计的原理

1.1 快速建筑设计综述

　　快速建筑设计是设计师在较短的时间里表达自己的设计理念、推敲方案，或者表达稍纵即逝的设计灵感的一种形式，它在完成简练的方案构思、比较、决策的同时对设计成果进行相应的表现，要求有良好的手绘图面效果，以便和客户沟通及设计的深入（图1-1-1、图1-1-2）。

　　目前，我国的建筑设计教育非常重视快速建筑设计，因此，五年的建筑学专业教育中包括了快速建筑设计的反复训练，以6～8小时或三天、一周为设计周期，培养学生逻辑分析能力和创造性思维技巧，锻炼基于对不同的设计任务与地段环境的理解，拟定解决设计中功能、空间、形式和技术等问题的办法，并用图纸和文字说明的形式表达设计思想的能力。

　　首先，设计的创造力与想象力只能通过长期设计实践的潜移默化，随着经验的积累来培养。其次，快速设计反映出设计者的计划能力和应变能力，即要在有限的时间内完成大量工作，包括迅速读懂任务书、分析设计要求、评价主次矛盾、开拓设计思路、推敲方案并完成图纸绘制。因此每一次设计作业都应做出详细计划，包括草图时间、深度、重点解决的矛盾等内容，同时根据每个进度的安排取舍涉及内容及其深度。最后，通过快速设计成果还可以反映出设计者的业务素养。一般来说，快速设计通过工具手绘，甚至是徒手进行设计的成果表现。优秀的设计图纸不但图面整洁、线条等级分明、表现流畅，就连图纸的构图排版也应当匀称而重点鲜明，从设计者手绘图的熟练程度完全可以判断出设计者的专业功底。掌握快速设计的表达虽

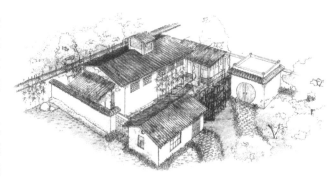

■ 图1-1-1　郑和公园公共厕所改造设计

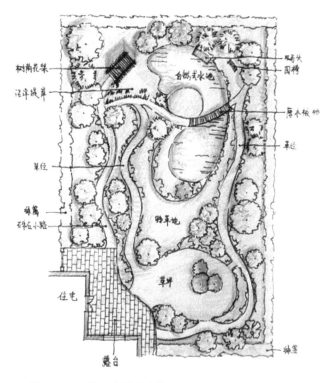

■ 图1-1-2　某庭院景观设计

然需要扎实的基本功，但是通过有目标的训练，可以在数月时间内得以迅速提高。

衡量建筑作品优劣的若干标准中，速度绝非唯一因素。一方面，快速设计难以像周期较长的课程设计或方案深化设计那样深入平衡设计中的各种因素；有时也不严格要求同时满足功能上的合理性、技术上的先进性、经济上的适用性，但一定要在相应的时间内和设计过程中，重点解决全局性矛盾，抓住解决影响总体方案的大问题，而不拘泥于处理方案的细节。例如，在甲方或考试题目中没有明确提出细节方面要求的情况下，只需妥善解决分区、功能、流线和整体环境氛围的塑造问题，没有必要对具体的铺装尺寸、细部、工艺和设施布置等问题"抠"得过细。另一方面，在有限的时间内完成快速设计的方案构思与表达，意味着设计成果很难达到正式方案图的深度，但是并不能因此减少图纸内容，成果仍然应当是一套完整的图纸，包括总平面图、各层平面图、立面图、剖面图、透视快速表现图、设计说明及经济技术指标等，表达出的是一个完整的设计构思（图1-1-3）。

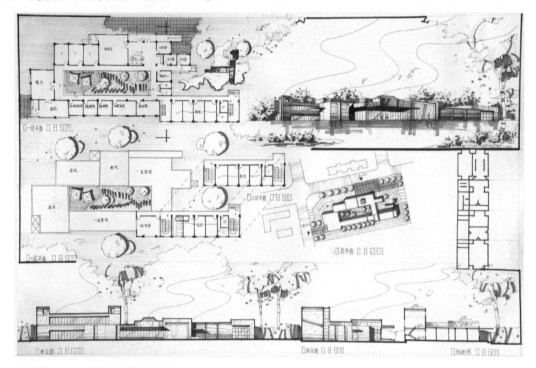

图1-1-3 建筑系馆快题设计

● 教学目标：通过本节学习使学生对快速建筑设计的特点和这类设计在建筑学专业中的作用有初步了解。

● 教学手段：理论阐述结合快速设计案例说明的方式来进行。

● 重点：掌握快速建筑设计特点、要求和作用，督促学生在平时建筑课程设计中有目的地培养和训练手绘设计能力。

● 能力培养：通过本节教学，培养学生能根据设计要求进行相关的资料搜集与整理，能对不同设计进行对比，并掌握正确的调研方法，具有从事建筑专业调研工作的初步能力。

● 作业内容：选择本地某一有特色的小型公建（如售楼处、餐饮建筑、活动中心等）进行调研，用快速设计的表现形式绘制其平面图和效果图。

小 结

　　快速建筑设计是建筑设计教学中一项重要的基本实践环节，它着重训练学生对于设计任务要求的快速反应能力和徒手设计水平，提高学生基本专业综合技能，即具有把社会、历史、环境、技术和美学方面的因素综合考虑于一个整体之中，满足建筑的功能、技术和美学方面的要求的能力。

1.2 快题设计与快速表现

近年来，快速设计成为一种考核建筑设计者的手段，研究生入学、毕业就业、建筑师取得执业资格都需要经历6 ~ 8小时的快题考试。这是因为快速设计不但是设计师在工作中需要具备的业务素质，而且还是反映各种综合能力的有效手段。

作为研究生入学考试，快速设计的目的是判断应试者专业方面的设计能力，以及是否具有进入下一阶段更高层次水平学习的基础，要求设计者反应敏锐、有一定的学术洞察力，掌握快速设计的基本方法和手段，熟悉一般的设计创作语汇，而这些全部要通过图面反映出来。这一快题考试着重考核的是方案的创作构思过程与基本的设计手法、设计立意、基本问题（如环境氛围、功能分区、流线组织）的处理、空间构成、图面表达等内容，而对建筑技术问题相应要求较低，当然不能违反结构的逻辑性。

对于本科生来说，建筑快速设计考试题目的类型以活动中心、社区会所、文化中心、图书馆、博物馆等具有较大设计自由度和灵活性的小型公共建筑设计为主，一般规模适中，功能以综合性、多元性为重心；通常不限制使用的材料和表现手法，给应试者更多的创作空间。因此，设计方案构思新颖、设计内容完整、表现手法巧妙的图纸很容易从众多图纸中"脱颖而出"（图1-2-1），除了方案的合理性外，考前必须加强图面排版、色彩搭配、线条表达等方面的训练。

快速设计评价指标主要包括设计和表现两部分。

① 设计的评价指标　设计理念切题、总平面布局和建筑功能合理、交通流线清晰有序、建筑技术和建筑经济适宜、建筑艺术形象动人等。

② 图纸评价　包括图面内容完整、表达正确；构图匀称、主题突出；图纸干净、图底分明、线条有等级；图面用色得体、重点明确；设计表达各部分关系清晰有层次；图幅应有图框（注意图框可结合图面内容局部绘制，"围而不死"）。

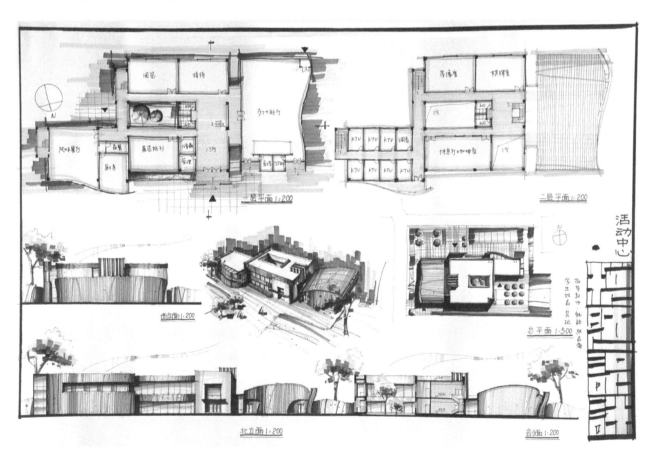

■ 图1-2-1　大学生活动中心快题设计

■ 图1-2-2　不同遮阳方式的住宅设计

■ 图1-2-3　常州"东方威尼斯"规划方案

注意设计细节的处理应符合建筑设计及制图规范，避免养成错误习惯，包括：

① 公共建筑一般至少有两个安全出入口，即主入口或对外出入口和内部办公出入口，出入口的门应外开或双向开启，封闭楼梯间的门应向疏散方向开启；

② 注意走道长度和安全出口设置符合《建筑设计防火规范》（2014）的安全疏散规定，如托儿所、幼儿园、老年人建筑（一、二级）直通疏散走道的房间疏散门至最近安全出口的直线距离不应超过20m；

③ 楼梯踏步或室外台阶尺度符合规范、勿漏画上下符号；楼梯平台净宽不应小于楼梯梯段净宽，并不得小于1.2米；注意不同楼层（第一层、中间层和最高层）楼梯平面的表达方式略有区别。

④ 注意不要有黑房间，主要功能房间要求有好的采光应朝南，次要功能房间如楼梯间、厕所、储藏及有特殊采光需要的房间如画室要求光线稳定、摄影有暗室等应朝北；门厅、报告厅等重要空间及卫生间室内应简单布置，高窗画虚线；

⑤ 总平面指北针表示宜醒目，大小适中，建筑屋顶平面上应注明建筑层数，剖立面勿漏画标高；

⑥ 图纸上各种字体应书写端正、清晰等。

◆ 1.2.1　分析任务书

快题考试时首先应仔细阅读任务书中以文字和图形的方式给设计者提出的设计目标和要求，例如设计类型、基地环境条件、设计内容等，掌握设计任务书的核心问题，对所给信息进行分类，区分主次，从而深入分析设计要求和任务书提供的信息。

首先，对与基地相邻的城市道路或内部道路、现有建筑出入人流及设计对象中环境的主要使用者及其活动行为、方式进行分析，从而考虑场地出入口位置，并对不同的环境空间进行划分。

其次，分析场地的环境条件，主要指在用地红线范围内能够影响建筑及其环境设计的因素，包括地形高程情况、现有水体、建筑、构筑物、天然植被、古树木等。如根据不同的日照条件选择不同遮阳效果，包括固定挡板遮阳、水平大屋檐遮阳和南向种植落叶树遮阳等方式，在很大程度上影响建筑的视觉形象及对环境技术的选择（图1-2-2）。

最后，考虑基地周边的自然、社会、人文环境，特别是在具有历史文化背景的区位环境中，建筑的设计应兼顾个性与总体的和谐性，注重在视觉上与周围环境的统一，反映区域的历史文化特征，体现对地域历史景观的保护和继承。如常州"东方威尼斯"规划反映了设计师世界观里的中国"水城"概念，即设计体现了现代江南水乡特色，呼应地方原有建筑的风格和尺度，同时注重区域空间整合水资源与文化旅游资源的互动，创造出引人入胜的江南水乡的场所精神（图1-2-3）。

◆ 1.2.2 构思主题曲

建筑设计作品的成功与否，不仅看它的功能布局和空间形式，更要看它是否能够反映时代精神、社会现象、地域环境特征，契合人们的伦理道德、审美趣味、价值观念和民族性格等标准，这也就是建筑的"主题曲"。设计的主题可有效推进建筑创作过程，并通过"立意"而赋予设计作品以灵魂、内涵和文化，从而真正提升建筑品位。立意，也称为意匠，是体现建筑师的创造性思想和建筑物个性魅力的重要载体。如2005年南京郑和公园改造扩建方案，设计师通过北侧的"航海广场"和东侧的"指南针广场"凸现"郑和文化"主题，前者为不同铺地材质拼成的大型航海地图，后者则以一个埋在地下的巨型指南针为中心，游客透过上面覆盖的钢化玻璃可清晰地观赏到指南针走向，两个广场互相呼应，激发出游客对郑和下西洋这一历史情景的浮想与感慨（图1-2-4）。

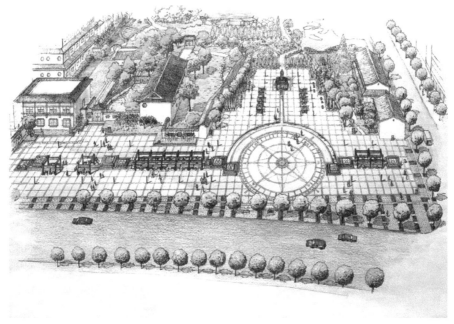

■ 图1-2-4 南京郑和公园规划设计平面图（上）和指南针广场鸟瞰图（下）

◆ 1.2.3 绘制分析图

有了明确的主题后就要合理组织建筑及其环境本身的内在功能和关系，通过分析图使设计对象逐步清晰，把模糊的设计概念变得丰满。具体分析内容包括环境空间示意图、交通流线分析图（图1-2-5）、建筑形体分析图（图1-2-6）、建筑功能泡泡图，建筑采光和构造等细部分析图。以幼儿园建筑设计为例，其功能组成包括四个部分：主要功能用房、服务管理用房、后勤供应用房和室外活动场地，各功能部分关系分析如图1-2-7。

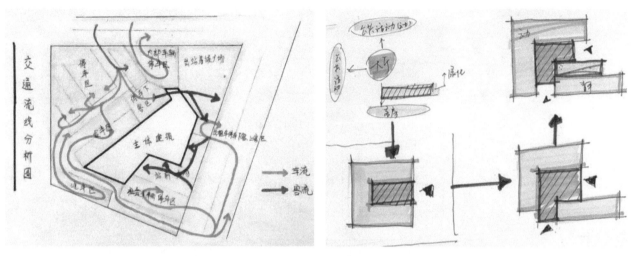

■ 图1-2-5 客运站场地交通流线分析图　　　　■ 图1-2-6 建筑形体分析图

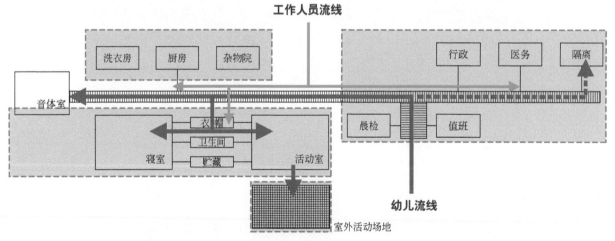

■ 图1-2-7 幼儿园平面功能关系图

在条件允许的情况下，如一周快题或工程案例的快速方案设计时，分析图可以手绘，也可以借助SKETCHUP等软件在计算机上建立场地环境和建筑的模型，从而更客观地分析和比较，优化方案。

◆ 1.2.4 选择表现形式

快速设计的考试在表现上应力求做到娴熟老练，因此平时应加强练习，根据自己特长和喜好熟练掌握几种表现工具的使用方法。鉴于考试条件的限制，建议大家选用易上手、快捷的表现工具，并充分发挥它们的特点。过去用水彩表现快速设计的方式因工具携带不方便、水彩不易干，而且其效果可用水溶性彩铅代替而落伍。目前主要的表现工具多为马克笔加彩铅或结合钢笔线条的综合表现方式。需要注意的是，无论采用何种工具，表达的重点始终是方案本身，不能过分追求花哨的表现效果，有时通过控制线条粗细、疏密关系也能产生好的黑白灰关系恰当的图面效果。

快题考试时的图纸一般有绘图纸（图1-2-8）、牛皮纸（图1-2-9）、白卡纸或色卡纸等。与白纸、白卡纸相比，色纸纸、色卡纸上的色彩不会显得过分跳跃，容易通过底色将图面内容"统一"起来，从而使原本较零碎的构图看上去整齐有序。在图面利用色彩和线条的设计表现中，色彩和明暗关系可通过马克笔、

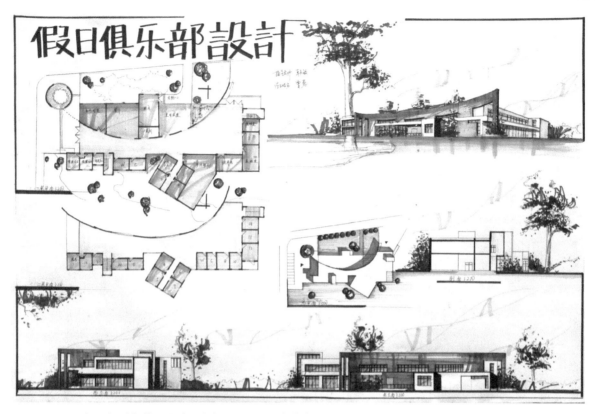

■ 图1-2-8　假日俱乐部快题设计，白色绘图纸，马克笔表现

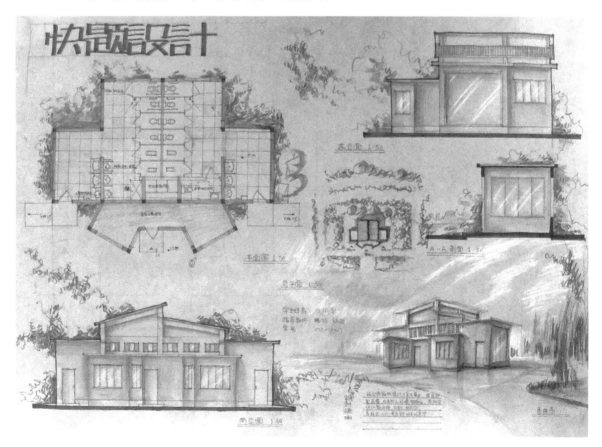

■ 图1-2-9　公共厕所快题设计，牛皮纸，彩铅表现

彩色铅笔、钢笔线条等工具完成。

马克笔"一笔成形"，表现效率高，最适合体现潇洒自如的图面风格，但不易修改，对技巧如笔触、色彩搭配等有较高的要求，建议初次练习者使用灰和蓝、绿冷色调或灰和棕、黄暖色调进行搭配，这样图面较容易拉开层次，也更加方便搭配出和谐的色彩（图1-2-10）。马克笔有水性、油性和酒精性的，水性马克笔色彩透明感强，颜料不会因为渗透而污损纸面，但在多遍叠加后线条重叠部位色彩易变得污浊、变色；油性马克笔或酒精性马克笔则色彩鲜亮、快干，色彩多次叠加后仍然笔触清晰、清澈透明，但易渗透到纸张背面，不适合绘制在薄的纸张上。

彩色铅笔通过线条形成块面而上色方便，水溶性彩铅还可以营造出水彩的效果。但是单纯使用彩铅绘制往往线条凌乱或者色彩不够饱和，导致画面缺乏感染力，如果精心雕琢又会花费大量时间，所以最好结合其它表现手段一起使用，如彩色铅笔加马克笔和钢笔等，既能形成完整的大效果，又便于细节的刻画。

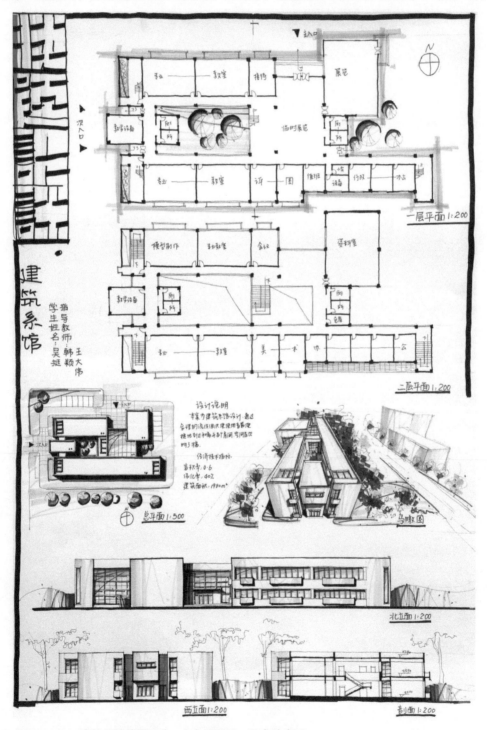

■ 图1-2-10　建筑系馆快题设计，白色绘图纸，马克笔表现

◆ 1.2.5 总结

　　归纳起来，作为快题设计一般要对立意、总图、平面、立面、剖面、透视设计和图面表现等方面进行考察，其目的就是看应试者如何塑造符合题意要求的功能合理并具有特色空间的建筑。当然因为考试时间有限，方案不能过长时间地深入下去，因此要抓住主要矛盾、解决主要问题，达到节约时间、合理分配精力的效果。注意以下几点：

　　① 立意重点　注意设计理念切题，可选择特色鲜明的建筑风格，如地域性、民族性、现代性的风格；采用室内外空间过渡的虚空间如廊、场，建筑内部特色空间如中庭、偏庭、敞廊等丰富建筑形式。

　　② 总图关系　注意用地入口、道路、建筑、广场、绿地的综合布局，依据题意分析考察朝向，保护古树、古建筑，呼应周边建筑、构筑物等场地环境；建筑布置或是场地环境设计应与基地自然环境形成一定肌理关系，利用阴影辅助表达形体关系。

　　③ 平面形式　通过"少厅多通道"组合各功能分区，交通体均匀布置其中，一般可采取较通用、易驾驭的"工"型、"L"型平面或"口"型内院形式的空间组合。

　　④ 立面形式　注意建筑形体外轮廓要有高中低的变化，如交通体可高起；建筑立面上要有凹凸变化、材质和光影层次；可采用单元式凹凸组合结合虚实材质对比，如玻璃、石墙，阴影辅助表达形体关系。

　　⑤ 剖面形式　采用转折剖的方式在一个剖面中将特色空间如中庭、交通体如楼梯等都表达出来；重点、正确地突出主要承重体系，即梁、板、柱的关系，其余部分可不做重点刻画。

　　⑥ 透视表现　依据设计特点确定采用的视点和视角，若建筑群体设计需突出综合形体关系，立面特色不明显则选鸟瞰；若单体建筑，特别是形体关系有层次的建筑，则选两点透视；主要表现空间形体最为丰富、视觉效果最佳的角度。最优化的表现是选取入口立面为主、侧立面为辅的两点透视，当然立面设计时就要重点推敲建筑入口的形体关系。

　　⑦ 图纸排版　注意图面整洁、色彩和谐、排版均衡；当图面排版不对称时可通过"快速设计"标题、设计说明、分析图，或用马克笔排笔铺色块的方式使图面松弛有度、匀称美观。

教 学 引 导

●**教学目标**：通过本节学习，使学生了解建筑快题设计、表现的内容与要求，强调快题考试中对立意、总图、平面、立面、剖面、透视等方面的考察，引导学生锻炼自身设计塑造符合题意要求的具有特色空间的建筑的能力。

●**教学手段**：主要用图片说明的方式来进行，并通过一定的实例分析加深理解。

●**重点**：快题设计要在规定时间内完成设计任务，是反映学生各种综合能力的有效手段；立意是建筑设计的灵魂，表现可为快题设计增色。

●**能力培养**：通过本节教学，培养学生积累应试需要的快速建筑设计能力和作为建筑师必备的独立性、创新性。

●**作业内容**：临摹优秀快题设计作业，并尝试对该作业进行设计分析，总结其设计思路和表现方法。

小 结

　　快题设计具有耗时集中、时间较短，建筑规模适中，成果要求相对较少，但重点突出，设计过程中需要独立思考和独立决断，评审标准突出应试目的，整个过程偏重让学生把日常所积累的知识、能力综合表达出来的特点。快题设计需通过长期设计实践的潜移默化，随着经验的积累来培养锻炼，学生应在平时课程设计中多分析、多练习才能在快题考试中通过构思巧妙、立意创新，把设计条件上的制约转化成创作灵感的来源，最后利用恰当的语汇将设计理念表述出来。

◆ **1.3.1** 建筑风格

建筑艺术是通过建筑物的形体、结构方式、内外空间的组合、建筑群以及色彩、质地、装饰等方面的审美处理所形成的一种实用艺术，它按照物质重力规律和美的规律，创造出既适于生存活动，又符合审美需要；既有实用性，又有艺术性；既具有民族性、时代感，又具有一定象征意义的空间造型体系。不同的建造方式，不同的建筑材料及不同的装饰形式在建筑的平面布局、形态构成、艺术处理和手法运用等方面表现出内容和形式方面区分建筑精微细致的差别，这种差别的特征就是"建筑风格"。

一个成熟的建筑风格一般具备三点特性：第一、独创性，就是它有一目了然的鲜明特色，与众不同；第二、整体性，就是它的特色贯穿于建筑的整体和局部，很少芜杂、格格不入的部分；第三、稳定性，就是它的特色不只是表现在某几个建筑上，而是表现在一个时期内的一批建筑物上，尽管它们的类型和形状不同。熟练掌握不同建筑风格的特征在快速设计时可以加以运用。

1.3.1.1　按建筑方式来分类

① 哥特式建筑风格　哥特式建筑风格始于法国圣德尼教堂（Si. Denis）的重修，该建筑首次应用了以肋穹结构为基础的建筑体系，采用尖券和肋拱减轻拱顶重量，它们比罗马式建筑半圆形拱顶更为稳固。该风格最主要的特点是巨大的尺度、高耸的尖塔、彩色玻璃窗和繁复的装饰，形成统一向上的节奏和旋律，表现了神秘、崇高、强烈的宗教情感，对后世建筑艺术具有重大影响（图1-3-1）。

② 巴洛克建筑风格　巴洛克风格塑造了一种外形自由、新奇的建筑形象。其创新的主要路径是：首先赋予建筑实体和空间以动态，或者波折流转，或者骚乱冲突，如用穿插的曲面和椭圆形空间；其次，打破建筑、雕刻和绘画的界限，使它们互相渗透；最后就是违反结构逻辑，采用非理性的组合，如把建筑基座、檐部、山花做成折断式，或山花缺去顶部而嵌入纹章、匾额或雕饰，或把两三个山花套叠在一起，从而取得反常的视觉形式。南京国民政府海军总司令部旧址大门，在我国古典建筑牌楼形式基础上混合以巴洛克风格的装饰，造型独特，引人注目（图1-3-2）。该大门建于19世纪末，坐北朝南，砖混结构，平面呈圆弧形，九开间的立面上等距离地分布着十根装饰门柱。牌楼纵向分三层半，正中开间顶部向两侧高度逐层递减；第一、二层之间被通长的水平檐口分开，正中设有一座欧式古典风格拱门，门上刻有"海军部"三字的石墙贯通二、三层，突出入口主体地位；顶部装饰镂空栏杆和具有动感的曲线旋涡花纹，虚实有致。1982年国民政府海军总司令部所在的江南水师学堂旧址被列为江苏省文物保护单位。

③ 洛可可风格　主要体现在室内装饰和家具造型上，通过凸起的贝壳、蔷薇、棕榈、草叶以及C形、S形和涡旋状曲线纹饰的蜿蜒反复，以及大量镜子、水晶吊灯、磨光大理石、金漆闪烁的光泽伴随烛光的摇曳迷离，创造出一种非对称、富有动感、自由奔放而又纤细、轻巧、华丽繁复的室内装饰式样。

④ 园林式风格　主要是通过环境规划和现代景观设计提高建筑和环境的品质。如深圳欢乐海岸"紫苑"餐厅建筑周边的水景、岸边美人靠坐椅以及芭蕉、竹丛、睡莲的植物配置为中式风格的建筑增色不少（图1-3-3）。

⑤ 概念式风格　是一种通过计算机模型表达建筑设计构思

■ 图1-3-1　SOM设计的ABN-AMRO公司总部

的形式，它有时是一种超越现实的想象，力求摆脱结构、材料、技术等对建筑本身的限制和约束，从而创造出一种个性化的建筑形式或表达某种设计理想（图1-3-4）。

■ 图1-3-2 南京海军总司令部旧址（民国建筑）

■ 图1-3-3 深圳欢乐海岸"紫苑"餐厅

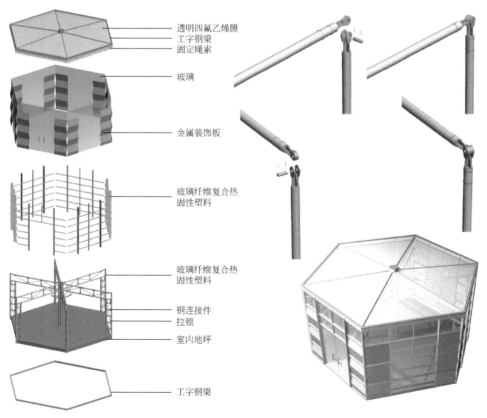

■ 图1-3-4 某构筑物概念性设计

1.3.1.2 按照历史发展流派分类

① 古典主义建筑风格 狭义上指运用"纯正"的古希腊罗马建筑和意大利文艺复兴建筑样式和古典柱式的建筑，主要是法国古典主义建筑，以及其它地区受其影响的建筑。广义上指在古希腊建筑和古罗马建筑的基础上发展起来的意大利文艺复兴建筑、巴洛克建筑和古典复兴建筑。该风格的特点是采用古典柱式。图1-3-5的法国巴黎歌剧院立面融合了古希腊罗马式柱廊、巴洛克风格等形式，附加了繁复的装饰，是典型的折中主义风格建筑。

② 新古典主义建筑风格 其实就是经过改良的古典主义风格，一方面用现代材料和加工技术勾勒传统建筑形式的轮廓特点，同时又摒弃了过于复杂的肌理和装饰，简化了线条；另一方面保留了古典主义建筑材质、色彩的主要面貌，从而增强历史文脉特色。如中国工商银行南京市分行（原交通银行南京分行）建筑造型为西方罗马古典建筑形式（图1-3-6），于1933年由上海缪凯伯工程公司设计，钢筋混凝土结构，平面近似矩形，地上四层，地下一层，建筑面积4187m^2。大楼正面朝南，入口有四根高达9m的爱奥尼克式巨柱贯穿两层立面；大楼外部东西两侧各配有六根式样相同的檐柱。大楼外墙面采用水泥斩假石，做工细腻。整个建筑显得坚固挺拔，浑厚凝重，显示了银行业主的雄厚资本和经济实力。1990年，该建筑被国家建设部、国家文物局评为近代优秀建筑；1992年被列为南京市文物保护单位。

③ 现代主义风格 现代主义运动兴起于19世纪末期，强调建筑要随时代而发展，现代建筑应同工业化社会相适应，开始使用新材料如钢筋混凝土、平板玻璃和钢材。该风格反对任何装饰，以简单的几何形状及强调功能的设计原则，打破了西方几千年以来建筑设计为权贵服务的立场，也突破了建筑完全依附于木材、石料和砖瓦的传统技术工艺。

一般今天所说的"现代风格"是指新现代主义风格，新现代主义继续发扬现代主义理性、功能的本质精神；但对其冷漠单调的形象进行修正改良，突破早期现代主义排斥装饰的极端做法，而是走向一个肯定装饰的、多风格的、多元化的新阶段。同时随着科技的进步，在装饰语言上更关注新材料的特质表现和技术构造细节，在设计上更强调作品与人文环境和生态环境的关系，强调空间与技术的交融，注重通过技术构造和新材料的应用来增强设计的表现力；同时新现代主义侧重民族文化和地域传统文化的体现；讲究设计作品和历史文脉的统一性、联系性。如江苏省美术馆原为国立美术陈列馆，建筑造型、风格既有西方现代建筑风格，又有中国传统建筑特色，是新民族形式建筑的代表作之一（图1-3-7）。大楼坐北朝南，立面呈"凸"字形，钢筋混凝土结构，主体四层，两翼三层，左右对称。该建筑在外观设计上采用西方简洁明快的手法来表达民族性，如稳重的对称式构图，立面檐口、雨篷等细部的传统装饰图案等。该建筑于1992年被列为南京市文物保护单位，目前为江苏省文物保护单位。

④ 后现代主义风格　1980年开始出现，这一风格的建筑在设计中重新引进了装饰花纹和色彩，以折中的方式借鉴不同时期具有历史意义的局部形式，但不复古。美国建筑师斯特恩提出后现代主义建筑有三个特征：采用装饰；具有象征性或隐喻性；与现有环境融合。如齐康院士设计的南京鼓楼邮政大楼，主楼塔的顶部设计在造型、比例和符号意义上都隐喻了钟楼的形象——该建筑西侧为明朝应天府都城营建的历经600年沧桑的钟鼓楼，体现了建筑所在地段历史文化的内涵和意义（图1-3-8）。

■ 图1-3-6　中国工商银行南京市分行（民国建筑）　　■ 图1-3-7　江苏省美术馆（民国建筑）

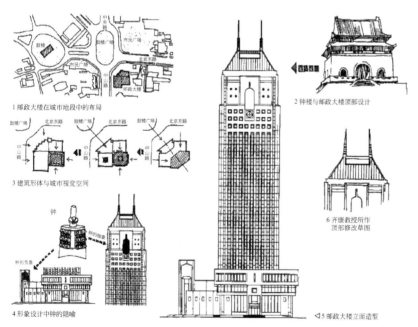

■ 图1-3-8　南京鼓楼邮政大楼

1.3.1.3　按国家或民族和地区分类

一般有中国风格（图1-3-9、图1-3-10）、日本风格、英国风格、法国风格、美国风格等。也有用一个地区来概括的，如欧陆风格"粉红色外墙，白色线条，通花栏杆，外飘窗台，绿色玻璃窗"，其建筑类型主要以复制古希腊、古罗马艺术符号为特征，反映在建筑外形上是较多的出现山花尖顶、饰花柱式、宝

■ 图1-3-9 南京水街养生会所建筑方案

■ 图1-3-10 深圳欢乐海岸"紫苑"餐厅

瓶或通花栏杆、石膏线脚饰窗等，具有强烈的装饰效果；在色彩上多以深沉的暗粉色及白色或灰色线脚相结合。这一类建筑其代表作品有南京中央饭店，建于20世纪20年代末，造型上继承了古典三段式的特征，结合建筑入口、标准层及顶层、檐口加以不同的装饰处理，暗红色墙面和白色线条、窗套对比清晰（图1-3-11）。其它还有东南亚风格、欧美风格、地中海风格、澳洲风格、非洲风格、拉丁美洲风格等。如图1-3-12的美式别墅建筑，之所以采用大坡顶的形式是因为坡顶比平顶具有更大的优点，如在同等的投影面积下，坡顶比平顶的面积大很多，因此夏天的散热性和冬天的受热性会好很多，相对于平顶，大坡顶更加冬暖夏凉，而且结构更加坚固，有利于雨雪的排出。

■ 图1-3-11 南京中央饭店（民国建筑）

■ 图1-3-12 美式田园建筑

◆ 1.3.2 设计原则

1.3.2.1 整体性原则

对于建筑设计，设计师必须从建筑的功能、结构、环境、造型要素、各种关系等方面进行整体地研究，在综合的基础上进行具体的个体分析，每一个个体分析的结果还要反馈到整体分析中去，比较后重新进行

■ **图1-3-13 深圳欢乐海岸的商业建筑**

分析、修改和整合，使部分与整体达到高度的统一。

赖特的"有机建筑"理论认为："只有当一切都是局部对整体如同整体对局部一样时，我们才可以说有机体是一个活的东西，这种在任何动植物中可以发现的关系是有机生命的根本，我在这里提出所谓的自然形态的建筑就是活的建筑，这样的建筑当然而且必须是人类社会生活的真实写照，这种活的建筑是现代新的整体"。这种"活"的观念能使建筑师摆脱固有的形式的束缚，注意按照使用者、地形特征、气候条件、文化背景、技术条件和材料特征的不同情况而采用相应的对策，最终取得自然和整体的结果而并非是任意武断、固定僵死的形式。

1.3.2.2 系统性原则

系统性原则的基本思想方法，就是把建筑看作是其与外界环境共同构成的系统，具有系统的功能和特征，构成系统的各相关要素需要关联耦合、协同作用以实现其高效、可持续、最优化地实施和运营。比如系统都是有序、分层次的，高层系统是由低层系统组成的，转化到建筑设计中就是单体对群体、使用房间对功能区、基地对环境都具有构成性关系。因此，有效地进行功能分区，正确地确定各部分之间的关系，合理地组织各种流线和空间序列，是建筑设计中应认真对待的重要环节（图1-3-13）。20世纪中期受系统论启发的结构主义建筑，就是运用经纬（Wrap and Weft）、脊柱（Spine）和方格网（Gridiron）等系统性的结构来组织建筑的形体与空间。

1.3.2.3 适应性原则

一方面建筑设计应密切结合所在地域的自然地理气候条件、资源条件、经济状况和人文特质，因地制宜地制定适应地域特征的建筑评价标准、设计标准和技术导则，选择匹配的对策、方法和技术。另一方面在建筑设计中应充分考虑各相关方法与技术更新、可持续发展的可能性，并采用弹性的、对未来发展变化具有动态适应性的策略，在设计中为后续技术系统的升级换代和新型设施的添加应用留有操作接口和载体，并能保障新系统与原有设施的协同运行。

自然和建筑之间不可忽视的对抗性一直激励着人们去探索建筑层面上借鉴生物适应性的研究，比如人类设计的优秀工程结构在自然界也可以找到原型，生物体的组织机构与建筑的结构（指由局部构成整体的组织关系）在某种意义上反映着相同的受力原理，并具有灵活性和适应性。建筑形态学把对建筑的研究分为结构和形式两个方面，即结构是形式的内涵，而形式是结构的外显，是结构化的具体表现。在结构主义看来，建筑形态是各相关要素按照一定的相互关系形成的一个结构化体系，在这个体系中构成形态的要素本身不具有独立的意义，而意义只在结构关系中显现，关系重于结构内的独立成分。可以看出，结构逻辑对建筑形态的形成起决定性作用，是产生形式的决定因素。快速设计要求建筑设计应适应相互联系的各个方面，即建筑本身以及建筑的环境方面，要同时考虑到建筑的内外联系、发展趋势、变化方向、运动速度和方式，分析其发展的动力和规律，从而使建筑设计具有强大的适应性，既满足现在的需要，又兼顾未来的发展需要。这种从自然中寻求适应原则的方法也使建筑师的构思有创新的契机。

1.3.2.4 生态性原则

该原则强调在建筑外部环境设计、建设与使用过程中应加强对原生生态系统的保护，避免和减少对生态系统的干扰和破坏，尽可能地保持原有生态基质、廊道、斑块的连续性；对受损和退化的生态系统采取生态修复和重建的措施；对于在建设过程中造成生态系统破坏的情况，采取生态补偿的措施。就单体建筑而言，应提高在建筑全生命周期中对资源和能源的利用效率，以减少对土地资源、水资源以及不可再生资源和能源的消耗，减少污染排放和垃圾生成量，降低对环境的干扰。如采用当地材料、耐久性材料、可再利用或可循环再生的材料、高效率的建筑设备与部品等。当代越来越多的建筑师将生态设计思想与新技术和工艺相结合，创造出全新的建筑形象，比如在材料的使用上既保持传统的有机原则——对材料本性的忠诚，又利用新材料进行形态的组合和创新，这也是最令人激动的建筑与设计的新方向之一。

1.3.2.5 艺术性原则

一个优秀的建筑设计不仅是一架理性的机器，它在承载使用功能的同时，又是体现诗一般美丽的作品。从审美的角度讲建筑形式美的规律具有普遍性的法则，如对比、韵律、比例、尺度、均衡等，既有变化，又有秩序（图1-3-14），从人性的角度讲建筑是沉积历史或体现时代的一种表达，同时它又蕴涵着情感、观念、想象、意味等精神因素（图1-3-15）。一方面人们通过视觉、听觉、触觉和思维能力认识建筑，另一方面人们又通过社会的伦理观念、宗教态度、心理气质和艺术趣味等总体的背景环境来理解和欣赏建筑。

■ 图1-3-14　建筑形体和材质的对比、色彩与光影的表现

■ 图1-3-15　南京军区总院（民国建筑）

◆ 1.3.3　设计方法

1.3.3.1 图解设计方法

图解（diagram）是一种用图像方式组织传达信息的形式，是通过图表达经过大脑思考提炼后反映事物内在组织和关系的过程。建筑学领域图解主要分为两种，即侧重表达的图解与侧重分析的图解，前者一般出现在方案完成后，用于表达设计，包括平时常用的平、立、剖、流线示意图，功能分区图等；后者出现在方案进行过程中，可用于提炼概念和产生新的建筑形式。特别伴随着现代数字化设计的发展，侧重分析的图解作为前期数据分析的结果，对于方案的生成起着推动和促进的作用，常常和最终的建筑形式有视觉上的对应。上海交通大学建筑系童雯雯提出"图解设计法"是指运用图解手段处理设计信息并将分析结果转化为建筑形态的设计方法。图解法设计生成的建筑最终形体是图解的直接转化，建筑本身也是对基地解释说明的图解，其最后出现的形式具

有信息的可读性，可以清楚地演示基地、设计背景及建筑本身的内在组织和关系。简单说来，图解法的设计过程可以概述为信息收集、图解生成和图解的建筑方式呈现。

20世纪的后半叶期间，建筑知识的基本技术和工序开始由制图转向图解，代表性成果有彼得·埃森曼1963年的博士论文《现代建筑的形式基础》、劳伦斯·哈普林1970年出版的《谱记》和克利斯托弗·亚历山大早期的剑桥讲座《形式合成性笔记》等。第二次世界大战之后，图解设计大致沿着"范式（某一先验理念的体现）"和"程序（经验主义的事实诱发）"二条轴线现出雏形。范式的图解代表有文丘里、埃森曼、伯克尔和柯林罗等。其中埃森曼的图解更多地使用了动态和变形手段，他认为格栅、麦比乌斯环❶、DNA分子链状图案等这些图解工具自身也是可操作的素材，可以通过交织、干涉、叠合、压印、加倍等手法，通过引入影像，分层等概念，赋予图解以动态性。艾森曼提出图解变形的工具包括：旋曲、延伸、交织、置换、拆解、嵌套、重复、移位、动尺、蒙太奇、分层、模糊、反转、追踪和标记等。如埃森曼设计的2#住宅，使用了加倍和移位的变形工具将结构格栅变形，得出双倍结构的设计图解；6#住宅中使用了蒙太奇、反转和滑移工具创造中心对称的拓扑空间。

■ 图1-3-16　波尔多住宅

另一条轴线"程序"的图解后来则成为库哈斯、MVRDV等设计师主要运用的工具。库哈斯建筑手法上，常用穿插的墙面、体块的组合；在大体块的处理上，常用玻璃幕墙，并且在竖直方向上，墙面常为倾斜一定角度或折线状的，同时积极利用建筑的必然元素（如楼梯）创造出有时髦的感染力的空间；在室内设计中则喜用超现实主义的画作对墙面进行装饰。库哈斯根据波尔多住宅业主一个劫后余生、依靠轮椅的残疾人的条件，设计了由3.5m×3m的升降机联系三个相互叠加部分的房子（图1-3-16）：起居室是一个玻璃的架空层在中部，底下一层为用于家庭私密的生活，最上层为卧室；升降机的地板被用作是可以变化的楼板，随着它的移动或悬空，空间发生着变化；紧邻电梯，有一片贯穿建筑的整墙，塑造出业主本人独立的活动空间。室内是现代建筑简洁的装饰手法，底层的混凝土弧形通道、一层透空和二层封闭之间的对比、二层小而多的圆形窗洞、墙上的超现实主义绘画和古典风格的座椅都加强了这栋建筑整体魔幻的效果。

MVRDV建筑设计事务所善于把各种制约因素转化为建筑组成的一部分信息，通过计算机转换处理为数据并绘制成图解，这样既取得了直观的效果，也使建筑师更容易理解并处理影响建筑最终生成的各种因素，这就是所谓的"数据景观（data-scape）"的概念。

保罗·拉索的《图解思考》指出用图解来推进设计过程主要体现在两个方面：一方面设计师用图解来处理大量信息，简洁的图形语言编码使信息更加清晰易读，而从中较容易找出对设计起到决定性因素的关键信息或设计师感兴趣的着手点；经过处理后的信息被转移为适当的图形语言传递给下一个设计阶段。另一种方面，设计过程是试验和观察不断重复的过程，在试验状态中，设计师使用有助于创造性的图解语言来探索。这些图解扩大了设计师的思考范围，使设计师可以跳出习惯思维的局限。在快速建筑设计中，思考与设计图解的密切交织促进了设想和思路，建筑师应将图解的范围拓展到设计中的一切视觉形象。

1.3.3.2　符号信息法

在过去八九十年来哲学界产生了一个分支——符号学派。该学科从沟通观点，特别是非语言的沟通来考虑人类活动的任何及所有的产物；沟通由信息产生，言语的沟通通常牵涉信息表达的意义，并使用语言来达到目的。因此语言信息完全依赖懂得这种语言的文化，而非语言的沟通也能直接涉及已用语言表达的特定信息。这一思想得到了建筑理论界的响应，建筑符号学认为一切建筑的意义都是由于符号表达而产生的，建筑符号的意义是文化的象征，它能引起人们的联想。符号的象征作用对建筑创作极为重要，它是建

---

❶　麦比乌斯环(Möbius strip，Möbius band)是一种单侧、不可定向的曲面。因A.F.麦比乌斯(August Ferdinand Möbius，1790—1868)发现而得名。将一个长方形纸条*ABCD*的一端*AB*固定，另一端*DC*扭转半周后，把*AB*和*CD*粘在一起，得到的曲面就是麦比乌斯环。

筑获得意义的关键。

　　首先人们对符号的理解是以社会约定为中介的，并且与认识者的年龄、经历、文化信仰、思想观念和意识形态等因素有关，不同时代、不同对象、不同国度的人对同一建筑符号会产生不同的反映，人们在判断建筑的属性时，往往是以头脑中已有代码提供的信息语义与认识对象提供的具体信码进行比较，然后再做出判断。因此，建筑师是符号信息的发出者，建筑师在社会的约定俗成基础上，把情感因素倾注在建筑实体上，建筑实体在信息的传递过程中充当着信息中介，把建筑师所赋予的信息传递给接受者，从而达到建筑师与鉴赏者之间的共鸣，产生应有的审美效果和精神功能。如中国北方山西民居建筑中窗户执行采光、通风的功能，同时也传达了信息；窗户通过其形状和尺寸可表明不是其固有目的的某些事情：带木雕装饰的窗户可表明屋主的身份和地位。另外，符号式信息和它的对应者是根植于文化中的，基于文化上的差异性，其建筑以及建筑符号的应用必定具有地域差异性，如在非洲原始部落生活的人是不会了解中国传统建筑的装饰所表达的社会地位的。

　　其次建筑的符号具有形象性、地域性、多义性、主体性、动态性、综合性等特点，符号象征的构思方法有对比、穿插、断裂、分解、变形、进化等。分解是指把已有的形象和元素分解成若干片段，进行重新编排、联合及加工，然后将它们重新编排到现代建筑中，创造出新的形象。变形是将事物的某些因素加以改变，同时保留某些特征，使人们仍然能在某种程度上意识到原型的存在。变形的方法有很多种，其中拓扑变形是指物体在平滑变形下不会改变性质的变形。规则几何形与不规则的自然形之间，存在一种拓扑的关系，因为一切闭合图形，不论外围形状有多少种变化，其封闭的性质永远不会变，都是由边和角组成的，所以两者具有异质同构的关系。如著名瑞士建筑师马里奥·博塔（Mario Botta）把矩形、圆形、三角形等抽象的几何符号巧妙地运用到建筑立面上，在取得简洁、纯净的效果的同时，增强了建筑形式的表现力与秩序感。"那些简明的、本初的符号像指纹等特征印记一样，具有唯一的标识性，"体现出了博塔的个人风格。建筑立面上几何形状的孔洞作为连接室内与室外的要素，既可以作为窗口提升内部空间的艺术品质，又可以作为有意味的形式，丰富建筑立面层次，具有多重的使用内涵。在柏纳瑞吉奥公寓（Residences in Bernareggio）的弧形立面上，同时出现了矩形、三角形与拱形的构图要素（图1-3-17）。建筑的一角经过

裁剪形成入口空间，这一镂空部分在弧形立面上延伸到中部，通过细细的窄缝与一个颠倒的等腰直角三角形窗连接，形成一个类似箭头的形状指向底部拱形的洞口。三角形与拱形利用中轴线对位，取得了形式上的关联。"箭头"形状的构图符号，将立面上多种几何形式的元素组织在一起，产生了整体的秩序，鲜明的几何逻辑耐人寻味。拱形还以低矮的形式出现在建筑室内：弧形立面底部拱形的出现打破了连续墙面的完整性，使墙体产生变化，好像从地面生长出来的一样。低矮的窗洞本不能起到采光和交流的功能，但博塔通过剖面的变化将其内部设置为一游泳池，形成水平方向延伸的弧形，不但获得了出色的采光品质，而且将室外景色引入室内，从而创造出恰到好处的空间氛围，将建筑的形式与功能巧妙地结合在了一起。博塔在建筑立面上对于几何符号的精确运用，体现了他对于建筑表皮形式的关注，理性主义的倾向和抽象的审美追求。

　　将建筑的外观、材料、用途等从各自的使用功能中抽象出来，使建筑元素获得非建筑学上的文化意义——这些立面元素不仅影响着建

■ 图1-3-17　柏纳瑞吉奥公寓

筑的整体形象，而且关系到室内空间的塑造与优化，以及建筑室内与室外的过渡和连接，并依照意义生成的规则相互组合，从而向人们传递视觉信息，这也是丰富建筑设计方法的一条重要途径。

1.3.3.3 仿生设计法

建筑仿生是一种全新的、独特的设计思维模式，它是将自然界生物特殊生理机能及其生态效应的原理结合现代科技应用在建筑材料构成、建筑结构、构造系统以及建造过程中，开发具有生态效应的仿生建材、建筑技术和建造方法等可持续发展的设计策略。自然界生物对生态建筑有着多方面的启示，基于仿生学进行系统性的建筑设计创作构思可提出集约、应变、多功能性、进化性等多项生态建筑仿生的手段。具体可操作性的生态建筑仿生策略包括：建筑结构仿生、建筑构件仿生、建筑材料仿生、空间组织仿生、建筑建造仿生五个方面。

自然界一切有形的物体都受着客观规律的支配，自然作用的结果使之必然具备最适应自然的大小和形态。生物的形态组织，既体现其内在属性，又要表现对环境的反应，是两者的统一体。相应的建筑形体与结构、功能组织，应符合同样的自然规律。将自然形态运用到建筑形态中，有三种最基本的方法：

① 直接运用或直接模仿，即将自然形态直接用于建筑形态的设计中；

② 间接模仿或抽象模仿，在形态学中称为"模拟"，即对自然形态进行加工整理，将自然形态中各种具象的形态抽象化，或者将其转化为更加适合的形态；

③ 自然形态的提炼与加工，是对自然形态最本质的特征加以概括和强化，或者在此基础上进行结构重组。

生态建筑仿生设计的一般程序是：寻找生物原型、分析原型机理和建筑模型实验，即提出具体设计策略。如著名的结构表现主义建筑师圣地亚哥·卡拉克拉瓦（Santiago Calatrava），从生物生长性状的研究中寻找建筑形态的仿生联系，通过清晰可辨的结构系统和分工明确的传力构件，并强化其装饰处理后如不断重复形成韵律的视觉表现，从而使观者产生"诚实的结构特性"带来的平衡感，继而产生美感。他设计的巴伦西亚科学城包括一个几何形状看似睁开眼睑的天文馆和一个犹如特殊的、重复性的骨架结构的科学馆（图1-3-18）。天文馆是一个半开放的球形建筑，宽阔走道轴线两侧各有一对巨大的三角形入口，其它各玻璃面朝向水面，较低部分全部为玻璃幕墙；钢结构的拱形罩下，建筑整体倒扣在水面上，三分之一的拱罩靠液压杆的带动，通过折叠方式开合，原理与眼睛的运动方式相同，运动时拱罩与水面的倒影合成一个完整形象，犹如一只眨动的眼睛。而坐落在湖边的科学馆北边为玻璃幕墙结构，南边为铝覆层装饰结构，弧形的玻璃幕墙采用了峰脊与峰谷交替呈锥形的结构形式，构思巧妙。

■ **图1-3-18 巴伦西亚科学城天文馆和科学馆**

1.3.3.4 分形几何法

传统的欧氏几何研究对象是以点、线、面等几何元素为基础的规则而光滑的几何形，它们处处连续并且处处可微分。而分形几何学研究的对象是诸如山川、树木、云朵、海岸线、闪电等这类形状或结构复杂的自然对象，它们具有无限细分、自相似、有曲折细部等性质。所以说，分形几何是一种更加贴近自然本来面目、更能揭示自然内在结构的一种"真实"的几何学。1975年Benoit B. Mandelbrot的专著《分形——形式、机遇和维数》的出版标志着分形几何学的诞生。分形是在各种尺度上表现出自相似特点的物体。分形体是空间形式没有一处光滑也因此而不规则，并且不规则性在几何学上各尺度层级不断重复的物体。

1996年，卡尔·巴维尔（Carl Bovill）的著作《建筑设计中的分形几何》首次谈及建筑设计和分形几何复杂性理论之间的关系。书中指出在建筑设计中，分形几何主要从两个方面得以应用：一方面它可以作为一个有力的建筑批评工具，有助于解释为什么许多现代建筑不能够被大众接受的原因——它们过于"平淡"；另一方面，在建筑设计中可以利用分形几何生成复杂的韵律，并且使建筑与周围环境取得协调。美国建筑理论家、数学家Nikos A.Salingaros在《一个物理学家眼里的建筑法则》一文中提出一种利用尺度集合进行建筑分析的方法，认为丰富而连续的尺度层级是使传统建筑较现代主义建筑更具活力和生机的内在原因。他指出意大利威尼斯圣马克广场是世界上最杰出的城市空间之一，该广场及其周围的建筑几个世纪以来散发着迷人魅力的根本原因之一在于其尺度层级的丰富和连续。他指出："广场周边的所有建筑的体量都被粗略地分成三段式，每一部分又被不断继续细分成1/7，1/20…。丰富而衔接的细部在各个方向上都是明显的。每座建筑都被紧密地联系在一起，而且每一个层次上的结构又与上一级层级衔接，从而将整个广场及周边的建筑形成不可分割的整体。"

把分形几何的理论引用到建筑设计中，可以改变长期束缚建筑师创造力的线性思维方式，使他们从机械决定论的世界观和非此即彼的思维逻辑中解脱出来，为设计创作拓展更广阔地视野，更充分地发挥想像力和创造力提供了有力的理论基础。如刘华曾以图解的方式剖析了贝拉布尔低收入住宅的设计策略——正是利用分形几何的方法构成了邻里单元的设计形式（图1-3-19）。

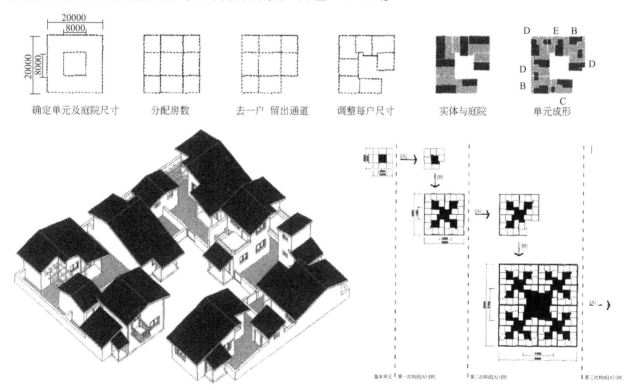

■ **图1-3-19** 刘华的印度贝拉布尔低收入者住宅的设计解析

1.3.3.5 绿色设计法

建筑设计作为改善人们生活环境的重要手段，发展前景巨大，却不可避免地给局部环境带来负面影响。日本有关学者研究得出：在环境总体污染中与建筑业有关的环境污染所占比例为34%，包括空气污染、水污染、固体垃圾污染、光污染、电磁污染等，其生产阶段消费大量的资源和能源，而且在它的维持运营阶

段仍然需要消耗相当数量的资源和能源。此外，旧建筑的拆除、景观改造等活动也会产生大量的垃圾、污染，即使在发达国家这些问题也很突出。建筑物和景观建设将直接或间接地引起各种环境问题，并影响到人们的生活质量，因此采用多学科协作的方法来指导和实现可持续设计是建筑设计发展的必然趋势。

绿色设计法也叫可持续设计法，是从遵循自然规律、保护生态环境角度出发的设计方法，它涵盖了城市规划、建筑设计、景观设计和施工管理等和建筑相关的所有方面。中国建设部将"绿色建筑"定义为："在建筑的全寿命周期内，最大限度地节约资源（节能、节地、节水、节材），保护环境和减少污染，为人们提供健康、适用和高效的使用空间，与自然和谐共生的建筑。"

目前我国建筑设计中规划、建筑单体和景观设计等多是分阶段独立完成的，这种操作方式其实对场地环境和建筑未来的使用与性能表现会产生重大影响。因此在最初的方案阶段，设计师就应该从总体的建筑环境绩效出发，包括对场地的选择、建筑朝向的布局、生态环境的保护和地方传统的继承等，确保识别场地的环境特性，综合考虑地理地段环境、局部气候及用地条件，以确定该场地是否能够用于安全舒适的建筑功能，从而优化其使用性。如景观规划中水景设计为雨水收集池❶，既可以减少雨水的流失，减轻当地蓄水层和城市供水系统的压力，满足景观设计的需求；又可以在家庭用水方面，利用雨水灌溉植物、清洁道路、清洗汽车等，能节约近1/3的水资源消耗。同时雨水再利用的可视化过程也使人们从直观上对生态概念有了了解，从而加强保护资源的意识。

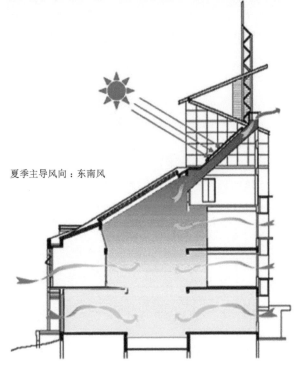

夏季主导风向：东南风

■ 图1-3-20　上海生态示范楼效果图（上）和剖面图（下）

主要的绿色设计策略有：

① 充分利用再生能源，如风能、太阳能、水能、生物质能、地热能和海洋能等（图1-3-20）。

② 使用绿色材料，包括在生产周期内对环境影响小的、天然的、来源广泛的或可再生的材料；可再利用材料和可循环使用的材料；当地的天然建材，减少因运输带来的能源消耗；寿命长、耐久性材料；无毒环保材料等。

③ 减少污染，废弃物的量及成分与生态系统的吸收能力相适应。

④ 贯穿于项目整个过程的生态影响测算，从材料的提取，到成分的回收和再利用，并视生态与经济为统一体。如室外活动场地使用透水性铺装，既能满足硬地活动、停车等功能需要，又能使雨水渗入地下平衡地表含水率，增强地表与空气的热量、水分的交换，有利于调节建筑周围的微气候，从而弥补因开发建设对原有的自然土壤及植被的天然可渗透性的破坏。

⑤ 设计因生物区域不同而有变化，并遵从当地的土壤、植物、材料、文化、气候、地形等。

⑥ 尊重地方的传统知识、技术和材料的利用，丰富人类的共同财富。

⑦ 维护生物多样性和与当地相适应的文化以及经济支撑。

⑧ 视文化与生态为潜在的共生物，不拘泥于表面的措施，而是积极地探索再创造人类及生态系统健康共存等。

---

❶ 雨水收集是指获取并储存雨水以提供人们使用的实践活动。

采取可持续设计的方法时应从全局出发，建设以中国国情为基础，节约的、资源效益型、并注重文化品位的城市环境，实现最优化的经济效益和环境保护，从而达到和谐人类活动、土地与自然的关系，提高生活质量的目的（图1-3-21）。

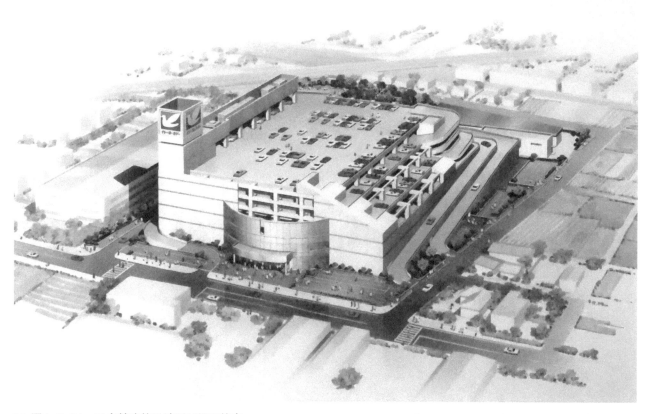

■ 图1-3-21 日本某建筑设计利用屋顶停车

1.3.3.6 结构（或技术）表现法

建筑设计呼唤技术与艺术的共同体，而对于建筑技术而言，结构构思是其主要的创作源泉，建筑的空间形式、实体体量和细部构造都与结构息息相关。

早期代表人物如皮埃尔·奈尔维，将严谨的结构逻辑和生动的建筑形象结合起来，使其所创作的建筑作品达到了内容与形式的统一、结构与形体的统一、技术与艺术的统一。如奈尔维的"V"形结构构思在实践中广泛应用，发挥了钢筋混凝土的潜力和美学价值。正如他所说："技术上的正确性构成了建筑语言的一种语法，而且在建筑领域中，技术的正确性的作用对一个建筑作品的形式、效果的影响，要较之在文学上语法的技术正确性的影响大得多。事实上语法仅限于防止错误，而技术上的正确性，即忠实于结构和结构要求，使用材料要根据其特性等，在今天就如同在遥远的古代一样，却能提供一种无穷无尽的灵感的源泉。"

目前世界上很多杰出的建筑都是通过优化的结构技术主导建筑造型的创新；特别在一些大跨度建筑和高层建筑中，结构已变成独立于建筑艺术的一种新的艺术形式。如著名美籍华裔建筑师贝聿铭设计的香港中国银行，外观体现了结构的本源和理性，呈现出符合逻辑的严谨的美学（图1-3-22）。设

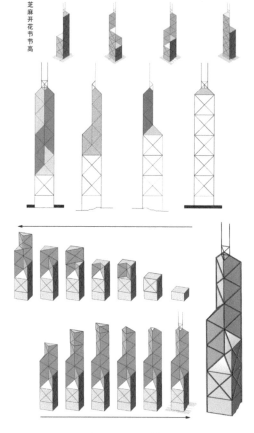

■ 图1-3-22 中国香港银行轴侧、立面图和建筑形式生成图

计师不仅从中国古代哲学中寻求形式灵感，将建筑平面用对角线分成四个三角形筒体，并分别升高至不同高度，使建筑截面在不同的高度自然地向空中逐渐递减，其与坚实底座形成互补，展示了建筑的均衡和稳定之美——取谚语"芝麻开花节节高"象征一种蓬勃向上的精神。而且，建筑师还通过和结构工程师莱斯利·罗伯逊（Leslie Robertson）的合作，完美地在建筑外观上体现了合乎逻辑的结构形式，即把加强建筑整体性并抵抗高速风力作用的巨大角柱和X形的对角斜向支撑外露，从而自然地纳入到建筑的装饰效果中。

由建筑结构和艺术形象创新的相互作用规律可以总结出技术表现建筑艺术形象的三个层次：一是"低级"结构技术体现层次，即以已有或常见的结构体系基础，形成体现结构特征的大众建筑形象；二是建筑已有结构形式的组合，即以空间类型和功能需求为基础，将同类型或不同类型的结构根据其受力性能特点，按特定的方式进行组合或剪裁，形成新的大空间，创造符合视觉规律的建筑新形象；最后也是最高境界的是建筑技术表现的创新层次，即吸收自然界和人类文化的有益营养，设计出符合社会物质和精神要求的新结构形式，同时创造出符合社会审美的、合理全新的建筑形象。

1.3.3.7　视知觉体验法

现象学是西方20世纪最为主要的现代哲学思潮之一，它反对无穷尽的分析、强调直觉体验。所谓体验，是用自己的生命来验证事实，感悟生命，留下印象。体验到的东西使人感到真实、现实，并在大脑记忆中留下深刻印象，可以通过随时回想起曾经亲身感受过的生命历程，甚至对未来有所预感。体验是人类感知环境空间秩序从而建立场所感的一种有效途径。空间体验不仅是人类感知场所的一种途径，而且也是营造空间结构关系的一种方式。如著名的柏林犹太博物馆建筑和外立面不规则的开窗形式呼应，内部空间也塑造了带有一定角度的通道、墙壁、窗户等非水平和垂直的形式，通过混凝土梁柱不同的截面形状和大小尺度，混乱地穿梭在通向展览长廊的楼梯井中呈现出不同倾斜角度的视觉冲击，让观众联想到犹太人所经历过的历史的混乱与恐慌（图1-3-23）。

挪威建筑历史学家和理论家克里斯蒂安·诺伯格·舒尔茨首次把胡塞尔、海德格尔、梅罗·庞蒂等人的现象学思维引入了建筑学领域，通过用现象学的方法对场所的认识与研究，将人与环境紧密地联系在一起，深刻地批判了现代建筑学以抽象、缩减、中性孤立的观点看待环境的不足，重新确立了人们在心理和精神上与世界之间的复杂联系。舒尔茨的"场所精神"原文"Genius Loci"是指一地方的守护神，源于古罗马人对灵魂的信仰，即认为凡是存在均具有其精神。舒而茨把这种概念演变为客观存在的空间体与人的主观内心意识空间的复合体；他认为每一种独立的本体都有自己的灵魂，这种灵魂赋予人和场所以生命，同时决定他们的特征和本质。抛开其中唯心主义思想和神秘主义色彩的成分不说，舒而茨提出的场所精神反映了人是场所的核心与特色，即承载了人对于整个场所的认同感和归属感，如"城市的每个场景都有一个故事"的理念反映了对人情感的关注，从而很容易打动人们的内心，引起共鸣。他提出"场所，是活动发生的地方，具有清晰特性的空间；它由具有色彩、肌理、形状等材性的具体事物所组成的整体。"这里的"场所"不是抽

■ 图1-3-23　柏林犹太博物馆

象的地点而是由自然环境和人造环境结合的有意义的整体，这个整体反映了在一特定地段中人们的生活方式和其自身的环境特征，通过建立人们与世界的联系，场所帮助人们获得了存在于世的根基。因此建筑要回归到"场所"，从场所精神中获得最根本的经验。

哥伦比亚大学建筑教授斯蒂文·霍尔（Stevel Holl）通过强调建筑与场所之间的关系，强调对建筑的感知和经验，将现象学理论成功运用于建筑设计理论和设计实践中。霍尔强调对于建筑、环境的一切认识和体验只能通过置身其中，并在其中真实地生活而获得。霍尔著名的"锚固"思想表明了他在场地与建筑相互关系上的不同寻常的见解，即场地与建筑的功能组织，以及景观、日照、交通流线等应作为建筑物理学来考虑，建筑是依据场地所特有的内涵而设计的，并且与场地相融合达到超越物理的、功能的要求。霍尔设计的芬兰赫尔辛基现代艺术博物馆充分反映了他重视建筑与场所之间现象关系的设计理念。该博物馆名叫基阿斯玛（Kiasma），这是一个生理学上的术语，指的是神经交叉网络，特别是指那些影响视觉认知的神经系统。这里体现"交错"的概念指建筑与基地的"交错"，也就是把建筑的内在品质与特殊场地的环境和城市结构联系起来；同时建筑还通过物感与质感、材料与细节、光与影等调动人的各种感官去体验空间与时间的变化（图1-3-24）。霍尔认为在各种艺术形式中只有建筑能够唤醒所有的感觉，这就是建筑中感知的复杂性与可贵性；他认为建筑知觉体验包含两层含义：一是强调建筑师个人对建筑的真实感知，通过建筑师个人独特的经历去领悟世间美好真实的事物；二是在此基础上力图创造出一种能够引导人们亲身体会和感受世界的契机。

哈尔滨工业大学吕健梅在其博士论文《基于体验的建筑形象生成论》中基于体验的建筑创作方法论的基础上概括总结出建筑形象生成的三个设计策略：

① 场景整合策略　从建筑体验中情境的创造出发（该情境可以具体化为事件发生的场景，即建筑、人与环境三者之间发生关联的地方），探讨建筑与人、环境之间的协调关系。一方面情境是体验发生的前提，人们体验到的环境不是客观的环境，而是与主观联系在一起的主观与客观相结合的情境。另一方面，场景要素通

■ 图1-3-24　芬兰赫尔辛基现代艺术博物馆

过固定的建筑要素、变化的环境要素和与人相关的要素来交代事件发生的具体时空，烘托气氛，暗示事件的情节和意义。场景整合有两个原则："一是意象并置，也就是通过一个统一的场景把多种感知觉结合起来，克服了以视觉形象为中心的问题；二是要素融合，也就是用动态的观点去理解变化的感知过程和结果。具体的整合方法有改造与引入，建立与重构。"

② 事件组织策略　从建筑体验发生的空间、时间和过程的角度来控制建筑形象的生成。该策略通过空间与事件之间的互动，时间轴上生成事件的本质以及根据事件发展的节奏而形成的体验的节奏三个方面从而构成形象的节奏。

③ 动态表征策略　通过在建筑体验中，行进和活动过程中的空间与形态相互交叠变化，形成的动态画面最直接地表现出时间的存在。设计表征在建筑设计过程中是必不可少的环节，基于体验的创作其设计表征，与注重形式和象征意义的形象创造出发点和侧重点是不同的。动态表征的主要特点是："第一，强调感觉经验的再现，而不是唯美的或象征的形式；第二，是对个性化体验的表达，动态化表征结合了个体在体验过程中的具体经历，而不是理想化的抽象的形式设计；第三，动态化表征是一系列的动态的画面，不同于静态的图示。"

由此可见，快速设计时可以通过对建筑"事件"、场景、个性化体验的构思和安排，即把建筑中人们的行为活动和体验有机地组织起来，最终演绎和诠释生成的建筑形象。建筑体验设计法如同构思故事情节，需组织好场景、运动路线和事件（或者说是人对建筑的使用）等要素；将特定的主题串联起不同场景内容，甚至引发出一定的冲突；从而人与建筑及其环境发生互动关系，并把零散的感知觉整合为一个有意义的情境，各种要素整合为一个完整的建筑形象。因此，通过对事件的组织、场景的整合、从关注人们内心感受的角度营造起伏的情感体验来塑造建筑形象是基于视知觉体验法的快速设计的主要策略。

●教学目标：通过本节学习开拓学生设计思路，熟悉不同的建筑历史风格，掌握五个设计原则，帮助学生意识到设计的全局观、整体性，学会从不同的设计方法中探索适合自己的设计方法，也拓宽自身建筑基本知识与语汇的储备和运用。

●教学手段：理论解析结合图片说明的方式来进行，并通过一定的实例分析加深理解。

●重点：从建筑历史风格和优秀现代建筑案例中提取适合自己运用的设计语言。

●能力培养：通过本节教学，培养学生创新的思维和自我学习的能力。

●作业内容：临摹某一风格的建筑设计作品，并尝试对该建筑进行设计分析，推理或归纳其设计思路、表现方法。

小　结

拓展设计思路是丰富学生快速建筑设计的有效途径，通过引入建筑历史风格、解析设计原则和方法启发学生由模糊到清晰、由具体到抽象的渐进的认知过程，从而将学生原先形成的对于建筑的一般印象转换为具有共鸣的体验和认识，使学生对于建筑的理解更具深刻性和多重视角，增强学生设计思维的广度和形式创造能力。本节教学引导学生将所学的各类建筑进行综合比较分析，总结出最适合自己并具有较大灵活性的设计方法，即将建筑进行大类别归类，找出其间的共性与异性，这样才能在面对不同快速设计内容时从容应对。

第2章 快速设计的程序

2.1 建筑快速设计

◆ 2.1.1 场地规划与环境分析

建筑场地的规划是科学合理并艺术地安排土地各部分使用方式的综合性工作，主要步骤包括：选择并分析建筑场地、组织土地使用规划、安排车辆行人的交通路线、构成视觉形式及设计理念、通过设计平整重新调整现存的土地形式提供合适的排水系统、最后完成设计项目必须的施工细部等。设计师必须把建筑、结构、景观等元素彼此结合起来，将设计要素规划成整体环境中的一部分，考虑天然和人为的所有现存特征，以便确定能显示场地个性的内在特质。

2.1.1.1 用地范围及界限的控制

首先确定用地范围及界限。一般在项目建设之初，由规划部门提供的建筑项目选址意见书上划定城市道路中心线、城市道路红线、绿化控制线、用地界线、建筑控制线。

基地应与道路红线相邻接，否则应设基地道路与道路红线所划定的城市道路相连接。基地内建筑面积小于或等于3000m^{2}时，基地道路的宽度不应小于4m；基地内建筑面积大于3000m^{2}且只有一条基地道路与城市道路相连接时，基地道路的宽度不应小于7m；若有两条以上基地道路与城市道路相连接时，基地道路的宽度不应小于4m。通道的宽度及与城市道路衔接的位置应符合当地规划部门的要求。基地与城市道路红线连接时，一般以退让道路红线一定距离为建筑控制线。建筑物及附属设施不得突出道路红线和用地红线建造，如地上建筑物及附属设施，包括门廊、连廊、阳台、室外楼梯、台阶、坡道、花池、围墙、平台、散水明沟、地下室进排风口、地下室出入口、集水井、采光井等。

车流量较多的基地（包括出租车站、车场等）其通道连接城市道路的位置应符合下列规定：距大中城市主干道交叉口的距离，自道路红线交点起不应小于70m；距人行道、人行天桥、人行地道的最近边缘不应小于5m；距公共交通站台边缘不应小于15m；距公园、学校、儿童及残疾人等建筑物的出入口不应小于20m；当基地通道坡度较大时，应设缓冲段与城市道路连接。电影院、剧场、文化娱乐中心、会堂、博览建筑物、商业中心等人员密集建筑的基地，在执行当地规划部门的条例和有关专项建筑设计规范时，应同时满足：基地应至少一面直接邻接城市道路，其沿城市道路的长度至少不小于基地周长的1/6；基地至少有2个以上不同方向通向城市道路的通道出口；基地或建筑物的主要出入口，应避免直对城市主要干道的交叉口；建筑物主要出入口前应有供人流、车流集散用的空地，其面积和长宽尺寸应根据使用性质和人数确定；绿化面积和停车场面积应符合当地规划部门的规定。其它详细要求见《民用建筑设计统一规范》[1]等规范内容。

---

[1] 《民用建筑设计通则》2016年修订为《民用建筑设计统一规范》。

2.1.1.2 场地及周边环境的分析

对场地及其周边环境的分析包括所有影响它的天然的、文化的、审美的因素。天然因素包括地质（如岩床和地表）、地貌（如地形和地势）、水文（如地表水径流、地下水）、土壤类型及用途的划分、植被、野生动物生活环境、气候（如朝阳性、风向、降水量和湿度等）；文化因素包括现有土地使用、场地外的干扰、交通与运输、社会经济因素、公益设施、历史因素和环境审查等；审美因素包括天然特征、空间模式的视角、延续性等。同时对用地内设置的限定条件如现有水体、地形变化、古树、古塔和现有建筑等进行综合分析，从而正确处理场地内环境景观与特定条件的结合与避让，同周边环境、道路条件、现有建筑物形成良好、和谐的关系。

其次考虑场地内部道路安排、交通组织、地面地下停车等。设计合理的交通流线即一方面场地周边道路、环境及场地内部建筑出入口的人流、车流设置合理，简洁流畅，并有一定的导向性；另一方面场地内交通组织有序，既要人车分流，避免流线的交叉，同时交通道路又要分级设置，满足不同的需求，并且交通流线的设置应符合环境氛围、使用者行为、心理等方面的要求。建筑基地的单车道路宽度不应小于4m，双车道路不应小于7m，人行道路不应小于1.50m。地下车库出入口距基地道路的交叉路口或高架路的起坡点不应小于7.50m；地下车库出入口与道路垂直时，出入口与道路红线应保持不小于7.50m安全距离；地下车库出入口与道路平行时，应经不小于7.50m长的缓冲车道汇入基地道路。完善停车布局的时不要遗漏按照自行车的停车行为习惯的分析，其停车区域最好在主出入口附近，另外为了避免造成场地前区广场的混乱，应停在广场外围；内部停车位最好与外部车辆分开（图2-1-1）。

2.1.1.3 总平面功能分区和建筑布局

总平面设计中应根据建设项目的性质、使用功能、交通运输联系、防火和卫生等要求，将性质相同、功能相近、联系密切，对环境要求一致的建筑物、构筑物及设施分成若干组，结合基地内外的具体条件，形成合理的功能分区。功能分区要充分结合自然地形起伏和场地的平面形状，合理使用土地，特别是在山区要因地制宜，灵活分区。一般功能分区是以通道作为边界的，因此，基地内通道的组织对于形成合理的功能分区至关重要。另外，河渠、绿化带等也往往作为功能分区的界限。快速设计中不要忽视对用地边界的完善设计，如与其它单位边界可以围墙分隔，注意道路距离围墙不小于1m，有消防要求时建筑物外墙距离围墙不小于6m。在用地边界以绿化带围合是必不可少的（图2-1-2）；建筑物外墙及周边配置花坛、绿地镶边，一方面使人不要靠近建筑，同时满足道路边缘至相邻建（构）筑物的最小净距的规范要求：当建筑物面向道路一侧无出入口时最小净距为1.5m，有出入口但不通行汽车时应有3m。居住区内道路边缘至建筑物、构筑物的最小距离要求应符合《城市居住区规划设计规范》的相关规定。场地内室外环境设计的详细内容见本书第2章。

建筑布局主要考虑日照、通风以及景观等因素，具体表现为建筑朝向、建筑间距以及建筑与城市道路和公共建筑空间的关系等方面。安排群体建筑功能时可考虑引入轴线关系作为表现建筑组织结构、功能布局、空间逻辑及形态框架的工具，塑造出具有丰富层次感和鲜明体验性的规划布局。轴线可以是对称、规整的系统，也可以采用自由式布局，使得建筑与自然环境有机地结合。建筑轴线可以从场地环境中吸取历史文脉作为自身的基准，形成和场地呼应的秩序和结构；而场地环境也因建筑轴线的出现而获得了新的形态意义。

总体而言，场地规划必须树立整体观念，即总平面的功能组织、使用需求和空间效果等场地设计的基本要素应与建筑统一考虑，避免造成两者设计的脱节：

① 整体的空间关系，例如建筑与场地环境的空间位置、场地内的高程关系、建筑物的尺度等；

② 整体的功能组织，例如场地的对外交通出入口组织、建筑与周边环境的人流组织、休憩空间的设计等；

③ 整体的风格特色，例如建筑的风格应当与环境设施、植物配置的风格协调统一，达到相互融合的效果。

2.1.1.4 场地竖向设计

首先选择适合场地现状的设计地面的形式。改造后能满足使用要求的地形地面称为设计地形或设计地面。设计地面按其整平后的连接形式可分为平坡式、台阶式和混合式三种。平坡式是将用地处理成一个或几个坡向的整平面，坡度和标高没有剧烈的变化（图2-1-3）。台阶式是由两个标高差较大的不同整平面相

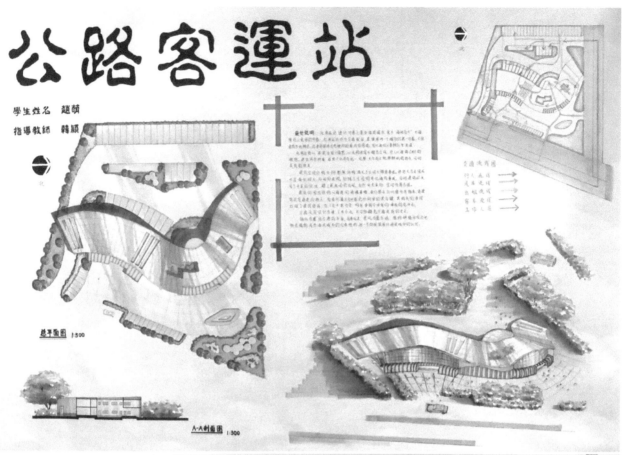

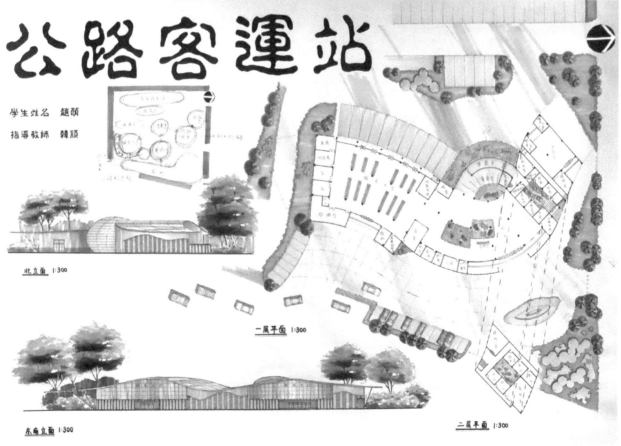

图2-1-1 公路客运站设计

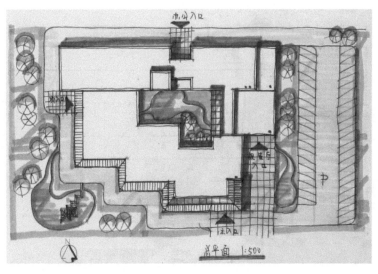

■ 图2-1-2 展示建筑总平功能分区

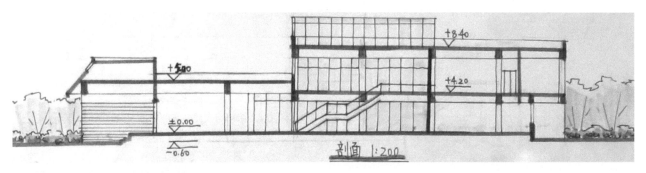

■ 图2-1-3 平坡式地面的建筑设计

连接而成的，在连接处一般设置挡土墙或护坡等构筑物。也可以平坡和台阶混合使用，如根据使用要求和地表特点，把建设用地分为几个大的区域，每个大的区域用平坡式改造地形，而坡面相接处用台阶、坡道连接。选择设计地面连接形式，要综合考虑场地面积大小、自然地形的坡度大小、建筑物的使用要求及运输联系和土石方工程量多少等因素。一般情况下，自然地形坡度小于3%，应选用平坡式；自然地形坡度大于8%时，采用台阶式。但当场地长度超过500m时，虽然自然地形坡度小于3%，也可采用台阶式。

其次确定设计标高。确定设计标高的主要因素包括用地不被水淹，雨水能顺利排出；考虑地下水位、地质条件影响；考虑交通联系的可能性和减少土石方工程量等。设计标高时应注意：当建筑物有进车道时，室内外高差一般为0.15m；当无进车道时，一般室内地坪比室外地面高出0.45～0.60m，允许在0.3～0.9m的范围内变动。机动车通行最大坡度为8%。

最后确定场地排水形式，包括暗管排水和明沟排水。前者多用于建筑物、构筑物较集中的场地；运输线路及地下管线较多，面积较大、地势平坦的地段；大部分屋面为内落水；道路低于建筑物标高，并利用路面雨水口排水的情况。后者则多用于建筑物、构筑物比较分散的场地。明沟排水坡度为0.3%～0.5%，特殊困难地段可为0.1%。为了方便排水，场地最小坡度为0.3%，最大坡度不大于8%。

◆ 2.1.2 功能分区与空间组合

2.1.2.1 明确合理的功能分区

任何建筑物是由若干不同使用功能的空间组成的，功能分区意味着对这些不同的使用空间按不同功能要求进行分类，并根据它们之间联系的密切程度加以组合、划分，从而确定各组成部分的相互关系和相互位置。功能分区的原则如下：

① 分区明确、联系方便，并按主、次，内、外，闹、静关系合理安排，这些关系必然地反映在位置、

朝向、交通、通风、采光以及建筑空间构图等方面。同时还要根据实际使用要求，按人流活动的顺序关系安排位置。

② 功能空间组合、划分时要以主要功能空间为核心，次要空间的安排要有利于主要空间功能的使用；对外联系的空间要靠近交通枢纽，内部使用的空间要相对隐蔽；空间的联系与隔离要在深入分析的基础上恰当处理。

各种建筑的使用性质和类型尽管不同，但基本上都可以分成主要使用空间、次要使用空间（或称辅助空间）和交通联系空间三大部分。快速设计中应首先抓住这三大部分的关系进行排列和组合，逐一解决各种矛盾问题以求得功能关系的合理与完善。在这三部分的构成关系中，交通联系空间的配置往往起关键作用，该部分一般可分为：水平交通、垂直交通和枢纽交通三种基本空间形式。水平交通空间布置应直截了当，防曲折多变，与各部分空间有密切联系，宜有较好的采光和照明。垂直交通空间布置位置与数量依功能需要和消防要求而定，应靠近交通枢纽，布置均匀并有主次，与使用人流数量相适应。交通枢纽空间布置应考虑使用方便，空间得体，结构合理，装修适当，经济有效，同时兼顾使用功能和空间意境的创造（图2-1-4）。

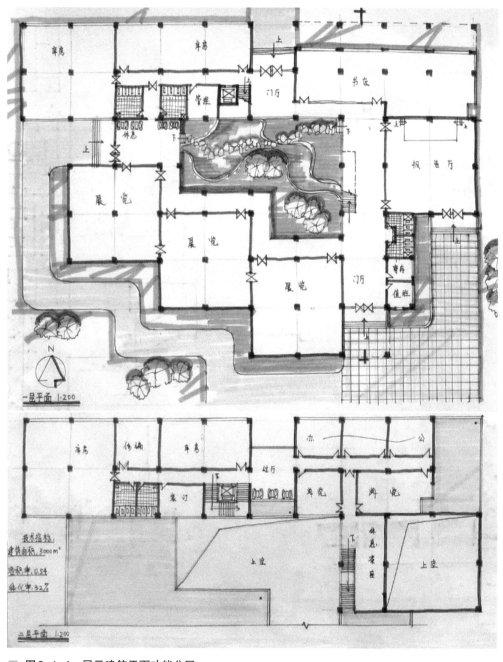

■ 图2-1-4　展示建筑平面功能分区

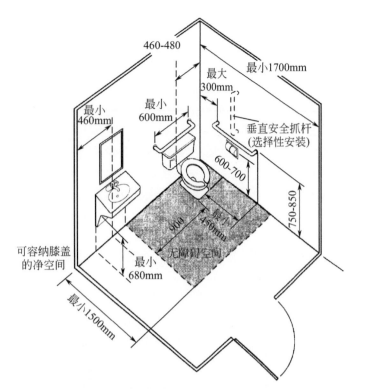

460-480

最小1700mm

最大
300mm

最小
460mm

最小
600mm

垂直安全抓杆
(选择性安装)

600-700

最小
450mm

750-850

900

可容纳膝盖
的净空间

最小
680mm

无障碍空间

最小1500mm

■ 图2-1-5　无障碍卫生间设计图

■ 图2-1-6　升降平台（上）与楼梯升降椅（下）

在公共建筑设计中，考虑到人流的集散、方向的转换、空间的过渡以及与过道、楼梯等空间的衔接，需要安排门厅、过厅等形式的空间，起到交通枢纽与空间过渡的作用。门厅出入口部分的设计，主要依据使用方面和空间处理方面的要求。公共建筑人流疏散分正常与紧急两种情况。正常疏散又可分为连续的（如商店）、集中的（如剧场）和兼有的（如展览馆）；而紧急疏散都是集中的。公共建筑的人流疏散要求通畅，要考虑枢纽处的缓冲地带的设置，必要时可适当分散，以防过度的拥挤。连续性的活动宜将出口与入口分开设置。

公建还应考虑到无障碍设计，无障碍环境是保障包括残疾人、老年人等在内的全体社会成员平等、充分地参与社会生活，共享社会物质文化成果的基本条件。无障碍设计从狭义上讲，是为了方便残疾人、消除了残疾人的信息、移动和操作上障碍的设计；从广义上讲，是为所有人创造地更为安全、方便地平等参与社会生活的整体环境的设计，它不仅有利于残疾人，而且有利于老年人、儿童、妇女、携带重物者及一切行动不便者。建筑环境的无障碍设计包括无障碍入口、轮椅坡道、无障碍电梯、无障碍厕所（图2-1-5）、无障碍厕位、无障碍客房、轮椅席位、升降平台（图2-1-6）和无障碍标志（图2-1-7）等，公共建筑的无障碍设施应成系统设计。公共建筑的主要入口宜设置坡度小于1∶30的平坡出入口。大中型公共建筑主入口的平台宽不小于2.0m（小型的平台宽不小于1.5m），应设雨蓬，且设有供轮椅通行的坡道，如直线型、直角型或折返型，不宜设计弧型，坡度为1∶12，宽度不小于1.2m。建筑内设有电梯时，至少应设置1部无障碍电梯，最小尺寸为1.4m×1.1m，候梯厅深度不小于1.8m（图2-1-8）。建筑入口、大厅、走道等地面高差处，至少有一条连续的轮椅坡道形成完整的无障碍通道；进行无障碍建设或改造有困难时，应设置升降平台，面积不小于1.2m×0.9m，平台设扶手或挡板及启动按钮。

设有公共厕所的大型文化与纪念建筑,应设专用无障碍厕所,其面积不应小于4m²,内部应设坐便器、洗手盆、多功能台、挂衣钩和呼叫按钮。

2.1.2.2 塑造生动的空间形象

现实生活中,人们通过所体验到的空间序列逐步感知并认识到建筑空间的形象。哈尔滨工业大学建筑学院的薛滨夏指出一幢建筑或房间可以理解为由实体和空间组成的共同体,既具有物质性的集聚、占有与围合,也包含相互延伸、渗透的虚空。他把建筑构成分为实体、界面与空间三个部分:

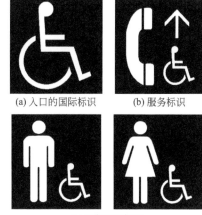

(a) 入口的国际标识　(b) 服务标识

(c) 国际通道标识

■ 图2-1-7　无障碍标志

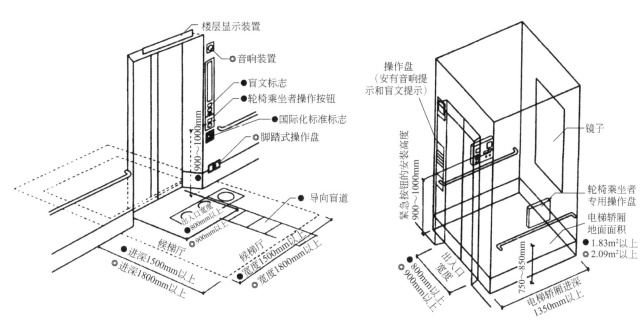

■ 图2-1-8　无障碍电梯示意图

① 实体元素包括墙体、柱等承重与垂直限定要素,屋面与地面等水平限定要素以及楼梯、台阶、坡道等垂直连接要素。这些要素的形状、比例、尺度的属性决定了空间的主要特征,而它们在色彩、肌理、图案与光感方面的细部处理则赋予了空间形态不同的格调。门、窗、阳台、雨篷、檐口、墙垛、饰线一类功能与装饰要素,因其位置、组合、尺度、材质与韵律的不同而形成丰富的建筑语汇,对空间形态产生微妙的影响。

② 界面联系内外空间,是空间形体的限定与接合要素,也是重要的视觉媒介和背景,与材质、色彩、肌理密切相关。

③ 空间因相互邻接、穿插的关系不同而组成丰富的变化秩序,具有连续性和渗透性。

快速设计中应运用形态要素的形式差异对诸如墙、柱、屋顶、隔断、家具以及门、窗、挑台、坡道、台阶等构件进行组合,围绕空间划分、视觉引导、场景切换等构形环节,可以在使用空间、交通空间、过渡空间、精神空间的塑造中取得生动的艺术效果。主要方法如下:

① 各种建筑形体要素、空间及其组合变体是快速设计的语汇和素材。例如,窗户作为引进光源和通风的功能元素,其洞口与墙面和顶棚的关系在内外空间之间建立起视觉联系,即窗洞在墙面上的开口位置影响视觉的焦点,并将保持或削弱空间的围合感与完整性;规则与异形、独立或联系的窗户可以形成空间界面的不同比例、肌理和质感效果,并影响空间的通透程度。楼梯的空间位置以及其直线、折线或曲线的形式布局可塑造厅、堂或转角空间中戏剧性的效果。墙面则会随着彼此间的邻接距离和相互角度形成开敞或

私密的限定空间的表情与态势；墙面的色彩、肌理与光泽会进一步加强空间的表达效果；而它的尺度变化，又会形成压抑或开敞的临界关系。作为独立要素，墙面开孔大小与高低变化又会影响两侧分隔空间联系的强弱。建筑中的立柱也有很好的明示性，功能意义上的柱子作为承重结构而存在，而空间意义上的柱子与墙面、顶棚形成控制性要素，柱列更加强了建筑形式上的秩序与韵律（图2-1-9）。

②对建筑构件形态要素进行变形与换位，突破建筑形态的传统意象，使设计具有较强的创造性。如图2-1-10南京琵琶湖某建筑在坡顶局部增加了玻璃顶，既使建筑顶部在尺度、形式、色彩、肌理和材质方面有了变化，又丰富了室内空间形式，从而突破中式建筑的传统造型，增加了现代感。通常而言，变形在一些小尺度的构件如窗、台阶、阳台、山花、格栅、托檐板及各种饰线中容易掌握和控制。一些设计风格鲜明的建筑师运用不同材料设计的程式化的窗套、入口、雨篷、阳台、格栅等构件造就了形式各异的建筑立面，说明了变形对建筑语汇的拓展作用。另一方面，对建筑构件形态要素的变形会引起联动效应，改变其与墙体、屋面和立柱的关系，可直接产生新的造型元素。对于墙体、屋面、幕墙等构成建筑主体的大尺度要素，则可通过采用延伸、偏移、倾斜、折叠、旋转、破碎、分形以及太空曲面（图2-1-11）等手法创造更为显著的变化。

③改变常规的空间构成方式（如集中式、线式、辐射式、组团式、网格式与混合式，同质元素节奏的打破或异质元素的插入形成另一种线性的组合关系），通过解构式或其它非线性形态生成方式，使得大小空间相互穿插、并置、悬转或套叠，从而改变传统的空间衔接、围合关系，并相应改变实体元素的形态，并创造全新的建筑空间。在这种空间形式的变化中，小尺度的造型要素与主要空间形体在更大的背景上展现出对比与空间层次。

■ **图2-1-9 南京浅深休闲会所**

■ 图2-1-10　南京琵琶湖某建筑

■ 图2-1-11　深圳欢乐海岸创意展示中心

2.1.2.3 选择适宜的结构形式

建筑空间和体形的构成要以一定的工程技术条件作为手段。建筑的空间要求和技术的发展是相互促进的，选择技术形式时要满足功能要求，符合经济原则。公共建筑常用的三种结构形式是墙承重结构、框架结构和空间结构。

① 墙承重结构　常为砖砌墙体、钢筋混凝土梁板体系，梁板跨度不大，承重墙平面呈矩形网格布置，适用于房间不大、层数不多的建筑。注意其承重墙要尽量均匀、交圈，上下层对齐，洞口大小有限，墙体高厚比要合理，大房间在上，小房间在下。

② 框架结构　承重与非承重构件分工明确，空间处理灵活，适用于高层或空间组合复杂的建筑（图2-1-12）。

③ 空间结构（也叫大跨度结构）　这种结构形式能充分发挥材料性能，提供中间无柱的巨大空间，满足特殊的使用要求。经常使用的有拱形、空间网架（图2-1-13）、悬索结构、空间薄壁、充气薄膜等，这些结构形式具有跨度大、矢高小、厚度薄，自重轻、平面形式多样等优越性。

■ 图2-1-12　苏州金鸡湖水巷商业建筑（框架结构）

■ 图2-1-13　南京植物园玻璃花房（空间网架结构）

推敲方案阶段不要忽视建立结构网格系统，在快题考试中一般采用框架结构。首先确定合适的网格形式，如方形、矩形、扇形等，选择合适的柱网尺寸，框架结构经济合理的柱间距为6～9米，然后确定柱网的总长和总进深尺寸；在结构网中划分空间。如果房间跨度确实比较大，如多功能厅内部不能设柱子以免影响视听效果，该空间屋顶则可采用桁架或空间网架结构。其次结构网格与功能划分的互动调整，最好是调整进深，注意开间和进深比例不要小于1∶2，否则房间过于狭长使用不方便。最后在结构网格中局部加减面积，或者为了造型需要增减个别房间的面积。

◆ 2.1.3　原型启示与立面设计

由建筑群体和单体的体型、立面构图等因素所创造的建筑艺术形象是快速设计中关注度比较高的内容之一。当然建筑艺术形象的效果和建筑的平面形式、空间组合、材料的色彩与质感以及光影变化等因素都有密切联系，这里仅从立面形式的处理方面进行阐述，除了第1章介绍的一些设计方法，再补充几种常用的立面设计手法。

2.1.3.1　立面设计的原型启示

"原型启示"是从历史中寻找建筑立面设计的规律与特点作为设计素材，当然这要以积累丰富的建筑设计史的知识为积淀，要有自己的思考，在深刻分析、体会原型的基础上，通过归纳、演绎、联想等方法进行创新，最后得到新的建筑造型（图2-1-14）。如博塔设计的圣安东尼奥·阿贝特教区教堂将建筑的立面完全转变为哥特式教堂门券形式的隐喻，这种形式极具视觉冲击力，强调了建筑的入口空间，同时使小体量朴素的建筑产生了庄重的形象。与典型的哥特式教堂巴黎圣母院进行对比，去掉附属的装饰物可以发现两者入口形态的相似性，只是博塔在设计中使用了更为抽象与简洁的处理手法，将古典的语汇应用到了现代的建筑上。这种形式上的关联，隐含了人们对于教堂建筑的记忆和对历史文脉的回应（图2-1-15）。

2.1.3.2　立面设计的几何构思

有人说"立方，圆锥，球，圆柱和方锥是光线最善于显示的伟大的基本形式；它们的形象对我们来说是明确的、肯定的、毫不含糊的。因此，它们是美的形式，最美的形式。"快速设计时可以从矩形、圆形、三角形等基本几何形开始，通过对这些

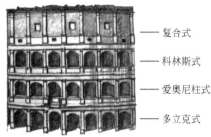

基本语法

古罗马圆形剧场82年

—— 复合式
—— 科林斯式
—— 爱奥尼柱式
—— 多立克式

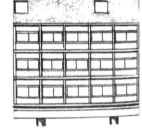

应用1

卢切鲁拉伊宫殿
意大利建筑师阿尔伯蒂1451年设计

—— 科林斯式
—— 爱奥尼桩式
—— 多立克式

应用2

瑞士学生会馆
法国籍建筑师勒·柯布西耶1932年设计

■ **图2-1-14　从原型到创新**

■ **图2-1-15　巴黎圣母院和阿贝特教区教堂**

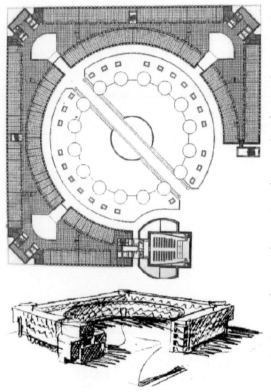

■ 图2-1-16 瑞士电信总部行政大楼一层平面图和设计草图

■ 图2-1-17 某建筑透明檐部和雨篷

完形的裁剪、变化、组合，在满足功能的同时，创造出严谨活泼的建筑形象和有趣味的空间环境。如通过几何形的叠合即在原本规则的几何平面形式中引入另一种几何元素，叠合在一起，进行减法变化，从而使生成的建筑体现出两种几何元素的形式特征，得到独特的建筑空间。典型案例有博塔设计的瑞士电信总部行政大楼，平面主体表现为一个从中部减去圆的正方体。其中正方形作为图，形成建筑实体；圆形作为底，产生广场空间。建筑的外部立面表现出平直的矩形特征，内部的弧形立面则表现出圆形的特征，产生出不同的空间氛围。正方形从朝北一侧的角部开口，面向城市的历史街区，其余的角部也作了裁剪变化并设置交通和辅助服务单元，在开口处还添加了一个经过削减的圆形平面单元，形成了入口处的接待空间（图2-1-16）。整个建筑通过连续的体量形成了半围合的内部院落，这样的图底关系使得建筑本身具有强烈的向心性与开放性，同时巨大的尺度使其作为参照点重建了整个区域的秩序。在博塔的建筑作品中两种几何形式的叠合相减，常常意味着将建筑作为城市的一部分进行设计，空间与实体形态都是对城市肌理的一种回应。

2.1.3.3 立面设计的形态弱化

当代建筑的发展已经突破了现代主义初期对单一建筑形态和纯净几何形的追求，越来越走向多元化，比如形态的弱化和层次化是这个趋势中的重要发展方向。具体手法有以下几种。

① 立面由半透明的膜材、塑料板、玻璃等现代材料所构成的悬浮板（图2-1-17）。

② 利用屋顶、遮阳板、女儿墙等建筑元素对单一几何形体进行解体。

③ 用金属或者其它材质包裹的多边形，或者对形体进行大量的切割（图2-1-18）。

④ 利用影像、符号对建筑表面进行包裹。

⑤ 使用拓扑学的原理对建筑变形，使之更具有动态、不定、有机的特性。这多是一些富有前瞻性建筑师采用的设计手法，他们的建筑思维一般建立在未来时空观念的基础上，比如格瑞哥林恩、Unstudio、DECOI等建筑师和事务所。

⑥ 使用分形几何学的原理对建筑进行变形，该手法强调对发达数字技术的依赖。

总体而言，立面造型应与平面功能协调统一，注意整体比例和局部尺度，协调好建筑构件和建筑整体造型间的关系，运用凹凸、虚实对比等组织具有节奏、韵律和生动光影表现的建筑立面，选择能与建筑整体的风格特征相协调的材料、色彩和细节表现则更能充分展示建筑的独特魅力。

◆ 2.1.4 材质选择与细部推敲

赫尔佐格说过："无论我们用什么材料建造建筑，我们主要在寻找一种建筑和材料之间的特殊的相遇。

材料可以定义建筑，同样，建筑可以展示它的构造，使材料'可见'"。材料的自然本性是由组成材料的化学成分及其排列组合决定的，不仅表现为材料本身的某些感性特征，而且还通过构造细部反映出来，它们不仅是创作的有力工具和手段，本身也已经成为建筑师力求表现的建筑的一部分。

2.1.4.1 恰当的材料组织独特的建筑语汇

材料只有达到了自身的完满表现，才能呈现出某种品质和独特风格。风格首先是以技巧的形式表现出来的：它就是某种处理材料的方式，即收集和调配这些艺术质料如石头、颜料、声音和语言等的方式。例如，砖、石材这些传统的建筑材料，具有厚重、封闭的属性，同时深刻地反映着地域建筑的文化传统，因而在一些著名的建筑师眼中具有永恒的价值。玻璃则作为一种现代建筑材料，具有透明、反射与折射等独特的物理性质，光滑的玻璃表面与砖和石材的粗糙形成了朴素的对比，强化了各自的特征，由它们装点构成的建筑表皮，在促进建筑整体统一性的同时，又产生了精致的细节，并使建筑的几何形体表现得更为清晰。建筑师应怀着浓厚的感情去熟悉和了解材料的色彩、质感以及组织结构等，对于材料的特性谙熟于心，这样才可以在最合适的地点选用最恰当的材料，并使这些普通的基本材质成为自己独特的建筑语汇。

材料之间的交接有对比和共置两种处理手法。如杭州某会所（图2-1-19）在建筑上的特色是通过两种看起来互不相容的材料组合塑造出来的——砖和玻璃：条形、斜砌、坚硬的砖和鱼鳞般叠置、清透且具有反射效果的圆形玻璃片，既表现出不同的质感，不同的色彩肌理，形成对比，却又统一在同样重复的节奏和韵律中。

2.1.4.2 精致的细节展示建筑的本质

霍尔认为，"细部就是两种材料相遇的地方——节点。"细部最令人激动的是可以表现出材料的本质。建筑设计永远面对着这样的挑战，即从无数细节、不同的功能、形式、材料和尺度中发展出一个整体。建筑师必须为边界和节点，为不同表面、不同材料的交接寻求理性的构造与形式。这些具有形式感的节点决定了建筑的尺度转换，建立起形式的节奏和精心推敲后的尺度。例如，玻璃未经加工的边缘，玻璃本身的厚度，或者是钢材以焊接或铆固的连接方式，这些都是有趣的细部。

另外细节也可以强化建筑形态，使其被人强烈而迅速地感知，其中色彩具有重要的作用。色彩是一种最实际的表现因素，可以体现建筑与环境的关系，反映建筑生成的逻辑，创建情调和气氛。建筑色彩的运用原则是融入环境和烘托气氛，也就是说从环境中提取建筑色彩

■ 图2-1-18 深圳市旅游信息中心

■ 图2-1-19 杭州某会所建筑立面的材料与细部

因素。色彩具有感情象征意义，如兴奋与沉静、轻与重、暖与冷、软与硬、华丽与朴素。在建筑设计上恰当地使用色彩，可创造优美舒适的环境，增加生活的乐趣。如图2-1-20杭州某餐厅建筑立面为灰色砖墙，墙上开有菱形的窗洞，白天建筑和周围环境和谐而自然，夜晚菱形窗洞内的红色灯光在暗淡的夜色中摇曳生姿，不仅丰富了建筑的整体形象，也传达了建筑所蕴涵的信息——吸引人们入内享受那份温馨浪漫的晚餐。

从某种意义上说，建筑通过空间、材料、细部得以升华，而细部则通过建筑得以实现（图2-1-21）。细部依附于建筑，隶属于建筑，又独立于建筑，最终又融于建筑。不管是构造的处理还是构件的安排，都是建筑整体的一部分，在风格上、形式上、精神上，这些细部都必须同建筑的步调一致。

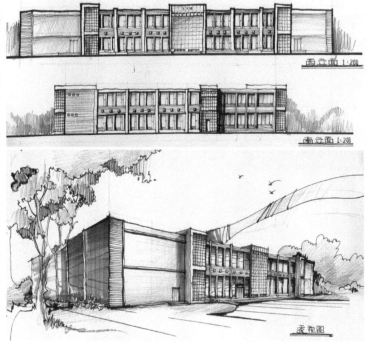

■ 图2-1-20 杭州某餐馆建筑立面的材料与细部　■ 图2-1-21 图书馆快速设计表现

●教学目标：通过本节学习，使学生了解建筑快速设计的场地规划、环境分析、功能分区、空间组合、立面和细部设计等内容，并能通过图示语言展现自己的设计。

●教学手段：主要通过图片讲解的方式来进行，并通过一定的实例分析加深理解。

●重点：了解建筑快速设计的程序，归纳出具有个人风格的快速设计表现形式。

●能力培养：通过本节教学，培养学生掌握建筑中的不同要素在形式、量度、围合、方向及组合方式等特征的区分下，表现出不同的建筑形式塑造力，从而生成空间序列的起伏变化的能力。

●作业内容：在1周时间内，根据给定的快速建筑设计任务书绘制设计图。

小 结

丰富的生活体验对培养学生快速设计的功能布局、空间塑造、良好的建筑形态和细部设计能力具有重要价值。本节通过在快速设计程序中以建筑设计规范、设计方法和美学理论为准绳，力求提高学生在不同建筑设计阶段所需的分析和表达能力，最终从整体上提高学生从事实际建筑设计（包括建筑群体、单体、局部、细部设计）所需的能力。

2.2 建筑室内环境快速设计

◆ 2.2.1 功能约束与平面布局

建筑室内环境设计作为建筑的一个十分重要而又相对独立的组成部分,是建筑的物质功能、精神功能和技术功能得以实现的关键,是建筑设计的继续和深化,是空间和环境的再创造,具有特殊的重要作用。室内环境设计中的平面布局与空间的使用功能有着密切的关系。空间使用功能所涉及的内容与建筑类型和人们的日常生活方式有着直接的关系(图2-2-1)。

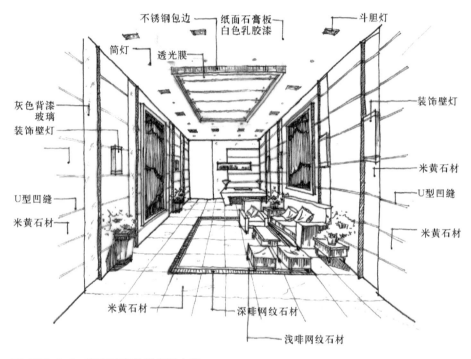

不锈钢包边　纸面石膏板　白色乳胶漆　斗胆灯
筒灯　透光膜
灰色背漆玻璃
装饰壁灯
U型凹缝
米黄石材
装饰壁灯
米黄石材
U型凹缝
米黄石材
米黄石材　深啡网纹石材
浅啡网纹石材

■ 图2-2-1　南京某商住楼门厅方案

2.2.1.1　平面功能分析

设计师面对一个具体的设计项目,头脑中总是先有一个基本的构思,经过酝酿,产生方案发展的总方向,这就是所谓的概念设计。确立什么样的概念,对整个设计的成败有着极大的影响。另外,空间使用功能的合理布置对室内设计项目之成功与否起着决定作用,对评价室内设计方案水平高低的重要性是不言而喻的。所以在最初的概念设计中,一般情况下,空间功能的分析是第一位的。设计中对空间功能的分析是从二维的角度,通过平面图由粗到细、由抽象到具体地绘制,经过多轮次逐步深入地对比优选而进行。

室内设计平面功能分析的主要依据是人的行为特征,落实到室内空间的使用,基本表现为"动"与"静"两种形态;具体到一个特定的空间,动与静的形态又转化为交通空间与有效使用空间。可以说,室内设计的平面功能分析主要就是研究交通与有效使用空间之间的关系,依据的图形就是平面功能分析草图。平面功能分析草图所要解决的问题是室内空间设计中涉及的重点,包括平面的功能分区、交通流向、家具布局、陈设装饰、设备安装等,其中最重要的是功能分区和交通流向。

① 功能空间的组成　包含四个方面的内容,一是设计项目中所包含的具体功能空间,如会议室、总经理室、职员室等;二是每个空间具体要完成的功能,如办公、开会、休息等;三是每个功能空间的规模,即每个具体空间的面积、形状、使用人数、家具数量等,这方面的研究与分析涉及业主的要求,国家有关

室内设计的标准和定额以及项目总面积的限制；四是各空间的特征，如空间的围合程度、空间的动静特征等。分析和研究功能空间的组成问题，对于各具体空间位置的选择、相互关系的确定以及空间界面的设计具有指导意义。图2-2-2展示了同样平面形式下不同的空间分隔方式。

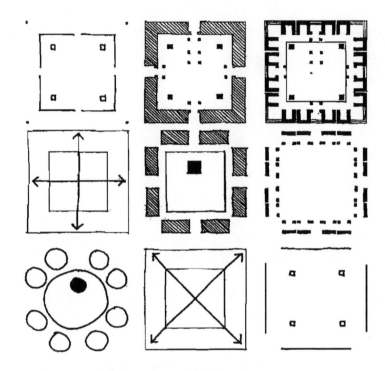

■ **图2-2-2　同样平面形式下不同的空间分隔方式**

　　② 功能分区　表现在室内空间的平面布局，就成为如何根据使用功能进行空间界面的分隔，以及按照需求进行界面分隔封闭程度的设计。就建筑的单体空间而言，一般总是按照人流路线的时间顺序来安排从公共到私密的空间，比如在建筑的主入口周围安排公共性空间是符合正常逻辑的。

　　③ 交通流线　以室内人流活动的交通功能进行分区是平面布局的重要特征。这种以交通功能为目的的分区，基本可以按照单向、双向和多向的概念进行分类。在这里"向"指的是人流活动方向，人流活动的合理组织是室内平面功能布局是否恰当的基础（图2-2-3）。

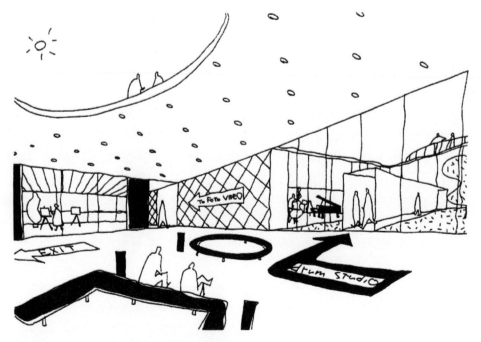

■ **图2-2-3　妹岛和世的交通流线分析草图**

④ 空间形象思考　室内设计始于平面的布局构思是符合其设计程序的，虽然室内设计的作图呈现二维的空间量向，但是作为设计者的空间思维，却应该始终保持四维的时空状态。也就是说即使是画一张平面图，在画图的过程中头脑里始终要想到二维图纸可能产生的真实流动空间的形象。平面图的空间思考实际上就是用平面视线分析的方法来确立正确的空间实体要素位置，考虑关键视点在不同视域方向的空间形象。所谓关键视点，主要是人的活动必经的主要交通转换点和功能分区中的主要停留点。在综合各种影响因素的情况下，最终确立平面的虚实布局，这种平面布局具有实施的科学性，同时也能够达到空间表现的艺术性。

2.2.1.2　平面布局手法

虽然室内平面功能分析是以功能分区为最终目的，但就平面的空间构图而言，依然有着自身的规律，运用符合美学构图一般原则的构图手法，再结合室内空间组织的要求，设计师才能够创造出真正属于艺术创造的室内设计作品。常用的平面布局设计手法如下。

① 网格与形体　网格与形体是平面布局设计手法的作图基础。一般来说，建筑的室内空间平面形式常采用几何形体，在几何形体之中又以矩形为主。其它的几何形体，对于建筑与室内来讲是一种特殊形式，可在一些特殊的场合使用。按照网格作图的方法进行平面布局的设计，容易使设计者确立常态的空间概念和尺度概念。至于选用何种空间形体却没有一定之规，需要从功能与审美的综合因素进行通盘考虑（图2-2-4）。

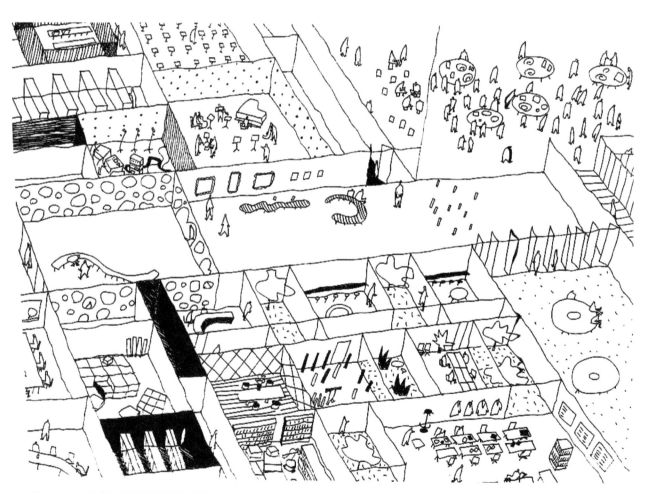

■ 图2-2-4　妹岛和世的网格平面分析

② 局部与整体　局部与总体的协调是平面布局设计的指导原则，是以单元的空间形态统一总体平面布局的形体构思。室内给人的空间印象一般总是从一个单元空间开始的，如门厅、大堂等。一栋建筑的室内空间总体印象就是由一个个单元空间串接起来的，因此，单元空间的形体概念会影响到整栋建筑。单元集

合创造整体的方法有以下几种：连接、隔开和重合。设计者组合单元的能力体现于平面布局的作图，就是处理局部与总体的关系。

③ 均衡与对位　均衡是指在某一设计构成中，一种和谐与令人满足的布置，各要素之间合乎比例地处于一种平衡的状态。对位是指在同一面的空间内，两个要素在位置上有某种正对关系，是使空间中各种不同要素之间增强联系，从而使其统一的构成法则。均衡与对位是室内空间分隔要素相互位置确立的定位依据。在平面布局的设计中，均衡的视觉体现虽然不如立面构图那样明显，但还是能在人的空间运动中体验出来，这是一种时空转换的节奏感和韵律感。如果设计者不能在平面作图中体现均衡的原则，很容易造成空间的比例失调和尺度失当，可能在实际建造的空间中会给人以狭小、动荡、憋闷，以至无所适从等不良的空间感受。

要在平面布局的构图中做到均衡，除去基本的比例尺度概念外，平面中表达空间实体的点（柱）、线（墙）、面（房间）的线性对位构图法则就显得十分重要。这种线性对位的构图法则，实际上就是一种符合平面几何作图规律的数学概念。在作图的过程中，总是寻找形与形之间的线性契合点。如圆形中圆心的对位，两段曲线的相切对位、两个矩形的成比例对位等。

④ 加法与减法　加法与减法作为调整空间构图形态的设计手法，可达到改变单元空间的形体并协调平面总体布局的目的。由于室内空间的大小是由建筑提供的面积所限定的，对于某栋建筑的室内空间来讲，实质性的增加或减少是不存在的，这间房的面积增大，旁边的那间房就会变小。因此，这里讲的加法和减法，主要是针对整体空间分隔的构图技巧而言。由于建筑物中的房间相互衔接，加减法的运用应根据房间的功能与视觉形象在协调交通流线的过程中反复作图案来确定，在这里因地制宜是一个重要的原则。图2-2-5加法与减法运用于室内空间平面分析，体现为此消彼长的关系。

■ 图2-2-5　加法与减法运用于室内平面分析

⑤ 重叠与渗透　重叠与渗透作为单元空间过渡的平面布局设计手法是空间组织中静态、动态与虚拟空间构图的典型综合手法，室内空间相互衔接、相互关联的特点决定了界面之间相互联系、相互影响的定位特征。实际上，现代建筑中的室内平面构图特征就主要体现于空间的流动，有意识地利用重叠与渗透的构图手法，容易创造具有现代特色的室内空间。

就空间构图的平面作图技巧而言，重叠与渗透空间效果的体现，主要是由具有衔接或相邻关系的不同界面的形体特征所决定的，界面形体的方向、高低、开洞等视觉限定要素在这里起决定作用。虽然界面在平面的表现中只是线状的图像，但设计者必须以三维空间形象的视觉表象去推断它的实际效果。

◆ 2.2.2 界面处理与空间体验

室内空间是由空间界面围合而成的。平面布局基本定型以后，就需要对室内空间的各个界面进行相应的处理。室内空间界面主要指墙面、各种隔断、地面和顶棚。空间界面设计对室内空间整体气氛的形成有重要影响，同一室内空间不同的装饰处理会产生不同的空间视觉效果。因此设计的着眼点应是悉心考虑如何有效地发挥各个界面本身所独有的视觉感受因素，包括色彩、明暗、虚实、造型、光泽度、肌理等，以空间的整体性来确定空间界面的装饰材料与装饰手法。

2.2.2.1 界面分隔形式与空间体验

室内空间是由界面分隔而成，而不同的界面分隔形式可以为空间营造出不同的空间感受。界面的分隔形式主要有以下几种：

① 绝对分隔 是用实体的、不透光、不透视的材质将两个空间完全分隔。它形成的空间一般较为封闭，对声音、光线和温度进行全方位的控制，抗干扰性强，常用于封闭性、私密性要求较高的空间，如图2-2-6中的卧室，其界面通常采用绝对分隔的形式。

■ 图2-2-6 绝对分隔的界面

② 局部分隔 指利用限定度较低的界面来分隔空间，如利用隔断、较高的家具、屏风等设施将两个空间不完全地、或是在一定程度上进行空间分隔。这种分隔形式可以减少视线上的相互干扰，但不能阻隔声音、温度；分隔的强弱取决于分隔体的大小、材质、造型等，形成的空间具有一定的通透性（图2-2-7）。

③ 象征性分隔 利用低矮的或较小面积的隔断、屏风、家具，或用绿化、水体、高差、色彩、材质、光线、顶面造型等进行空间的划分，属于象征性分隔。这种分隔方式限定度较低，空间界面模糊，侧重于心理定位，在空间划分上隔而不断，整体空间层次丰富，流动性很强（图2-2-8）。

④ 弹性分隔 利用拼装式、折叠式、升降式等活动隔墙或用幕帘等软隔断来分隔空间。这种分隔方式可以根据使用需要灵活地划分空间，使空间的开启、闭合、大小得以变化，增加物理空间的弹性和灵活度（图2-2-9）。

■ 图2-2-7　局部分隔的界面

■ 图2-2-8　象征性分隔的界面

■ 图2-2-9　弹性分隔的界面

2.2.2.2　界面装饰设计要点

① 形状　室内空间界面的形状是指墙面、地面、顶棚围合的形态及其组成部分的形状，具有相应的性格特征，如有棱角的强、锐，圆形的柔、钝，扇形的轻、华等。设计一个性格明显的环境时，采用具有个性的形状比较合适。图2-2-10中某餐厅立面形状灵动而活跃，极大地增强了空间的感染力。

② 质感　在室内空间界面装饰设计中，要根据各空间不同的使用要求，采用与之相适应的材料。如有吸音、隔音要求的空间包括会议室、歌厅、游戏室、运动型空间，宜采用软包、吸音板等材料，而不宜采用光面石材等易反射声音的材料。同时，选用的材质应与空间性格相吻合。严肃空间可选用天然石材等冷硬性材料，休息空间则选用木材、织物等柔软性材料。在重点装饰的部位还应有意识地展示材料的天然美，如材料的花纹、图案肌理、色彩等，以达到用较少的费用获得较好装饰效果的目的。如图2-2-11，界面利用陈设品和背景墙质感的对比以及灯光、烛光营造亲切、温馨的氛围。此外，还应注意材料质感与距离、面积之间的关系。同种材料不同的距离和面积，质感效果是不同的。如光亮的金属材料，面积较小的地方用做镶边光彩夺目，大面积应用易产生凹凸不平的感觉。设计中应充分把握材料不同的特点，并在大小尺度各异的空间中巧妙运用。

③ 图案　不同的空间界面，应采用与之相适应的图案形式。如抽象几何图案可使行政办公空间更简洁、明快，动感图案可转移人的视线。图案的合理利用可以改善空间效果，满足不同需要，如色彩鲜明的大图案能够带来界面前移、空间缩小的效果，色彩淡雅的小图案则可以使界面后退，空间扩大。图案可以利用人们的视错觉改善界面比例，如平行线装饰后的正方形房子图案显得建筑退后得很远，背景表现丰富的风景图案壁纸使空间显得更有层次。图案还可以使空间富有静感或动感，如网格图案较为稳定，波浪线则有运动的趋势。装饰图案还具有烘托气氛的作用，有时甚至能够表现思想和主题，使空间有鲜明的个性，创造某种意境。图2-2-12中，隔断墙上人影图案，既赋予整个空间景深又具有趣味性。

选用图案时应充分考虑空间的大小、形状、用途和性格，使装饰与空间的使用功能和精神功能一致。如儿童用房图案应有趣味性，宜鲜艳，成人用房的图案一般宜稳定和谐、色彩淡雅。同一房间应用较少图案或突出某一种图案，淡化其它图案，以追求整体风格的统一。

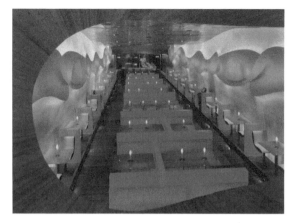

■ 图2-2-10　特异的立面造型

■ 图2-2-11　自然的界面质感

■ 图2-2-12　隔断上的人影图案

■ 图2-2-13 材质的对比

■ 图2-2-14 地砖和地毯

■ 图2-2-15 墙面的木质肌理

◆ 2.2.3 材质肌理与色彩搭配

2.2.3.1 室内装饰材料的种类及其特性

室内装饰材料的种类十分丰富，最常用的有以下几种：

① 木材 木材材质轻、强度较高；有较佳的弹性和韧性、耐冲击和振动；木材具有美丽的自然纹理、柔和温暖的视觉和触觉感受。

② 石材 从外观质感上可将石材分为抛光石材和毛面石材两种。抛光石材表面触觉冰冷、光滑、坚硬；而毛面石材表面粗糙、温和、色彩变化少、质感较自然。

③ 金属 室内装饰常用的金属材料有不锈钢、铝、钢、铁、铜等。钢、不锈钢、铝材具有现代感，而铜材较华丽、优雅，铁材则古拙、厚重。

④ 玻璃 玻璃有光泽、硬度高，耐磨耐压、易于清洁，还可利用各种工艺加工成艺术玻璃，玻璃常用于门窗、隔断、家具等。

⑤ 塑料 塑料质量轻，色彩丰富，易于加工成各种形状，抗腐蚀性和电绝缘性较好；缺点是强度不高、长期使用易变形、变色、老化等。

⑥ 陶瓷 陶瓷面砖表面光滑、易于清洁、防水性好，纹理丰富多样，常用作公共空间或厨房卫生间的墙地面的装饰材料。

每种材料具有各自不同的特性，设计师在进行室内设计时，应根据每种材料的质地和设计对象的不同进行综合考虑使用。如图2-2-13，木制书柜和白色墙面、深色地面的对比，以及咖啡色地毯的粗糙质感和黑色沙发光滑布料的对比也很有层次。

2.2.3.2 室内装饰材料的选用

由于使用功能和要求的不同，对于室内的各种界面，适合使用的装饰材料是各不相同的。

① 地面装饰材料 由于地面需要承受家具设备的荷载以及人、车的行走，因此地面使用的材料需具有一定的强度、耐磨、防滑、阻燃、电绝缘等基本特性，同时还应具有较好的舒适性、弹性、隔声、吸声等性能，此外还需具有良好的装饰性。室内地面常用的装饰材料有木地板、花岗岩和大理石、陶瓷地砖、地毯、地胶垫等，作为一般装饰的地面，也可采用水泥砂浆、水磨石等。如图2-2-14用地砖和地毯两种地面材料，划分出餐厅区域和交通区域，营造温馨的家庭氛围，手法简洁、明快。

② 墙面装饰材料 内墙的主要功能是分隔空

间，作为内墙的装饰材料，需要满足一定的强度，并且具有防潮、防火、防腐蚀、隔声等性能。常用的内墙面装饰材料有乳胶漆、油漆、壁纸、墙布、石材、陶瓷面砖、玻璃、木质或其它装饰面板等。图2-2-15中墙面用弯曲的木板组合而成的肌理造型别致有趣。

③ 顶面装饰材料 顶面装饰材料由于是固定于吊顶上或直接贴覆或涂刷在顶面上，并且大面积展现而无遮掩，因此，要求牢固、平整，有时还要求具有吸声、防潮、防水等功能。常见的顶面装饰材料有纸面石膏板刷乳胶漆、矿棉板、木饰面板、金属穿孔板、金属压型板、壁纸、墙布等，局部也可装饰以玻璃、镜面、塑料灯片、灯膜等。如图2-2-16中乌镇"锦堂"室内休息空间发光顶棚的设计使该空间更加宽敞明亮。

2.2.3.3　室内色彩设计的基本要求

色彩对于室内设计来说是一个至关重要的影响因素。色彩具有审美功能和调节室内空间氛围的作用，它可以通过人的感知、印象产生相应的心理影响和生理效应，因此完美的色彩设计可以更有效地发挥室内空间的使用功能，提高工作和学习效率。在进行室内色彩设计之前，应首先确定室内空间的一些属性和特点：

① 根据不同的使用目的，如会议室、病房、起居室等，利用色彩表现形成不同的空间气氛和性格；

② 针对空间的大小或形式利用色彩来进行强调或削弱；

③ 同样的色彩在不同方位的自然光线作用下会形成不同的色感和冷暖差异，可利用色彩调整空间方位；

④ 遵循空间使用者及不同空间个性的要求；

⑤ 色彩和环境有密切联系，一个物体的色彩会受到周围其它颜色影响，因此室内空间的色彩应与周围环境取得协调。

2.2.3.4　室内色彩的设计方法

室内色彩设计一般概括为三大部分：一是作为大面积运用的，对其它室内物件起衬托作用的背景色；二是在背景色的衬托下，在室内占有统治地位的主体色；三是作为室内重点装饰和点缀的，面积虽小却非常突出的重点色或称强调色。色彩设计时首先应考虑以什么为背景、主体和重点的问题。色彩的统一与变化，是色彩构图的基本原则。如图2-2-17在以灰色为主调的环境中运用鲜艳的色彩

■ 图2-2-16　乌镇"锦堂"室内休息空间的照明

■ 图2-2-17　室内色彩的使用

■ 图2-2-18　灯光的艺术效果

作为重点装饰烘托气氛，使空间显得轻松、舒适。

室内色彩设计方法大致有以下三点：

①室内色彩应有主调或基调，冷暖、性格、气氛都通过主调来体现。对于规模较大的建筑，主调更应贯穿整个建筑空间，在此基础上再考虑局部的、不同部位的适当变化。主调的选择是一个决定性的步骤，必须和空间的主题贴切，即反映出色彩所表达的感受，典雅或华丽，安静或活跃，纯朴或奢华。

②大部位色彩的统一协调。主调确定以后，就应考虑色彩的施色部位及其比例分配。作为主色调，一般应占有较大比例，而次色调只占较小的比例。

③加强色彩的魅力。背景色、主体色、强调色三者之间的色彩关系绝不是孤立的、固定的，如果机械地理解和处理，必然千篇一律，变得单调。换句话说，既要有明确的图底关系、层次关系和视觉中心，但又不刻板、僵化，才能达到丰富多彩。

总之，解决色彩之间的相互关系是色彩构图的重心。室内色彩可以统一划分成许多层次，色彩关系随着层次的增加而复杂，随着层次的减少而简化，不同层次间的关系可以分别考虑为背景色和重点色。背景色常作为大面积的色彩宜用灰调，重点色常作为小面积的色彩，在彩度、明度上比背景色要高。在色调统一的基础上可以采取加强色彩力量的办法，即重复、韵律和对比强调室内某一部分的色彩效果。室内的趣味中心或视觉焦点同样可以通过色彩的对比等方法来加强它的效果。通过色彩的重复、呼应、联系，可以加强色彩的韵律感和丰富感，使室内色彩达到多样统一，统一中有变化，不单调、不杂乱，色彩之间有主有从有中心，形成一个完整和谐的整体。

◆ 2.2.4　室内照明与陈设设计

2.2.4.1　室内照明的方式

现代室内照明设计除了满足照明的需要外还应作为空间视觉效果的表现工具，它需要处理光与造型、光与空间、光与色彩、光与材质所产生的"光"环境艺术效果等问题（图2-2-18）。德国巴斯鲁大学心理学教授马克思·露西雅谈到利用照明时说："与其利用色彩来创造气氛，不如利用不同程度的照明，效果会更理想。"

室内设计中，人工照明按目的和效果可分为一般照明或周围照明、局部照明或目标照明、强调或装饰性照明三种主要类型。一般照明或周围照明是最基本和重要的一步，确定了环境的基本视觉效果并需要满足视觉上的功能要求（图2-2-19）。局部照明或目标照明是在一般照明的基础上，通过在局部形成与环境照度的对比从而形成高低不同

■ 图2-2-19　乌镇"锦堂"室内走道空间的照明

的强调性照明效果；具体来说是通过控制投光角度和范围限定空间领域，强调趣味中心，增加空间层次并明确空间导向。强调或装饰性照明本身不具备功能性，它更强调美学性和心理感受。在一般照明中，间接照明方式补充了直接照明方式中通过直射光满足被照面要求的必要照度的功能，可创造如自然界中产生的各种自然、柔和、均匀的照明效果，丰富了室内空间的层次，并对空间起着点缀、强化艺术效果的作用，是表现室内气氛和意境的重要因素。

2.2.4.2 间接照明

间接照明是将光源遮蔽而产生间接光的照明方式，其产生途径有两种：一种是光源照射到介质上反射形成间接光，一种是光源穿过透明或半透明的介质形成间接光；也可以是两者相结合形成的间接照明。

不同的间接照明方式可创造多变的照明效果。基本的间接照明方式有四种：间接照明的装置、发光灯槽和檐口发光灯槽、发光顶棚和向上的泛光照明（图2-2-20）。

① 间接照明的灯具（或某种装置）是指在光源的局部或四周安装各种样式的遮挡附件得到间接光的照明方式。遮挡附件可选择透光材料，如羊皮纸、织物、玻璃、云石、塑料板等，既装饰美化室内空间，又利用介质形态塑造了光的形态；也有利用反射率高的材料做光源的反光罩，从而精确地控制光线分布，提高照明效能，如阳极氧化或抛光的铝板、不锈钢板、镀银或镀铝的玻璃和塑料等。

② 发光灯槽是把装饰顶棚或四周叠级顶棚照亮得到间接照明效果的方法。檐口发光灯槽是在与墙面相接的顶棚面上连续地配置照明灯，使墙面明亮而又均匀地被照亮的方法。灯槽断面可造成各种形式，光源通常为单列或多列布置的荧光灯管，也有在特殊场景中用变色LED灯的，其透光界面可采用磨砂玻璃、有机玻璃、亚克力透光板、木或金属的格栅结构等。另外，应根据被照物形状和透光性综合考虑人站、坐的位置及眼睛的高度来确定适宜的遮光板尺度、灯具的配光和配灯位置（如灯具的高度、投光角度和范围），避免光源被直接看到。

③ 发光顶棚是将光源安装在有扩散特性的介质（如磨砂玻璃、半透明的有机玻璃、棱镜、格栅）上，介质将光源的光通量重新分配而照亮房间的发光装置。这种间接照明的方式属于低亮度漫射型，发光表面亮度低而面积大，可获得照度均匀、无强烈阴影、无直射眩光，功能兼装饰性一体的照明效果。

④ 向上的泛光照明是在与墙面相接的地面上单独或连续地配置照明灯，主要用在室内陈设品和绿化照明中，同样应考虑到遮光。

上述四种具有代表性的间接照明方式也可组合运用，从而扩大照明表现效果。

2.2.4.3 室内陈设的分类

室内陈设包含的内容很多，范围极广，概括起来可包括两大类，即功能性（或称实用性）陈设和装饰性（也称观赏性）陈设。功能性陈设是指具有一定实用价值且又有一定的观赏性或装饰作用的陈设品，如家用电器、灯具、日用器皿、

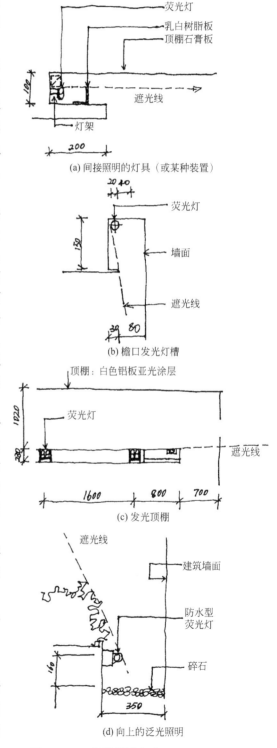

(a) 间接照明的灯具（或某种装置）

(b) 檐口发光灯槽

(c) 发光顶棚

(d) 向上的泛光照明

■ 图2-2-20 间接照明方式

图2-2-21 乌镇"锦堂"室内陈设

图2-2-22 陈设品的色彩和空间色彩的关系

织物、书籍、玩具等，它们既是人们日常生活的必需品，具有极强的实用性，又能起到美化空间的作用（图2-2-21）。装饰性陈设是指本身没有实用功能而纯粹作为观赏的陈设品，如书法绘画艺术品、雕塑、古玩、工艺品等。这些陈设品虽没有物质功能，却有极强的精神功能，可为室内增添不少雅趣，陶冶人的情操。

2.2.4.4 室内陈设的选择

室内陈设在选用时主要应从色彩、造型、质地这三个方面进行考虑。

（1）陈设色彩的确定

陈设的色彩在室内环境中所起的作用很大，大部分陈设的色彩处于"强调色"的地位，如雕塑、绘画、工艺品、精致的家具等，少部分陈设如织物包括床上用品、帷幔、地（挂）毯等，其色彩面积较大，有时可作为背景色。因此，对于不同的陈设，其色彩选择也应不同。处于"强调色"的陈设品，能丰富室内色彩环境，打破过分统一的格局，创造生动活泼的气氛，但是也不宜过分突出，不能缺少与整体和谐的基础（图2-2-22）。尤其是陈设品的数量较多时，处理不当，更易产生杂乱之感，因此，强调色不宜多。

处于"大面积色彩"的陈设如床罩、窗帘、地毯等，都具有一定的面积，且一般处于较醒目的位置，对于室内整体环境色彩起着很大的影响作用，它与整体环境色彩的关系，可以选同类色产生统一感或选对比色产生变化，但后者在处理上应慎重考虑，因大面积的色彩变化易使室内整体环境色彩显得刺目而失去整体统一感。

（2）陈设品造型、图案的选择

由于现代室内设计日趋简洁，因此，陈设品造型上采用适度的对比也是一条可行的途径。陈设品的形态千变万化，带给室内空间丰富的视觉效果，在以直线构成的空间中陈列曲线形态的陈设，或带曲线图案的陈设，会因形态的对比产生生动的气氛，也使空间显得柔和舒适。如以色列红海水下餐厅，设计了一系列水生动植物形态的家具、灯饰等陈设品，呼应窗外大海的场景，强化了顾客"大海"主题的场所印象（图2-2-23）。

（3）陈设品的质感选择

自然界的材料有许多不同的质感，用做室内陈设品的材质也各不相同，如木质纹理自然朴素，玻璃、金属光洁坚硬，未抛光的石材粗糙，丝绸织品光滑而柔软等。总之，材料质地对视觉的刺激因其表面肌理的不同而影响审美心理。形状、疏密、粗细、大小均会产生不同的美感，如精细美、粗犷美、均匀美、华丽美、工艺美、自然美等。

■ 图2-2-23　以色列红海水下餐厅

　　综上所述，室内陈设作为室内设计的最终完善阶段在烘托室内气氛、创造环境意境、丰富和柔化空间、调节环境色彩、加强室内风格等方面都具有十分重要的作用。

　　●教学目标：通过本节学习，使学生了解建筑室内环境的平面布局、界面处理、空间体验、材质肌理、色彩搭配、灯光效果和陈设设计等内容，建立大处着眼、细处着手，总体与细部深入推敲以及局部与整体协调统一的设计观念。

　　●教学手段：主要通过图片讲解的方式来进行，并通过一定的实例分析加深理解。

　　●重点：了解建筑室内环境快速设计的程序，掌握室内设计要点。

　　●能力培养：通过本节教学，培养学生室内环境设计的能力。

　　●作业内容：在1周时间内，根据给定的快速建筑室内环境设计任务书绘制设计图。

　　建筑室内环境和建筑之间有着相互依存的密切关系，设计时需要从里到外、从外到里多次反复协调，使设计更趋完善合理。室内环境设计应建立一个设计的全局观念，不仅需要与建筑整体的性质、标准、风格以及室外环境相协调统一，还必须根据室内的使用性质，深入调查、收集信息，掌握必要的资料和数据，从最基本的人体尺度、人流动线、活动范围和特点、家具与设备的尺寸和适宜的空间尺度、形态等方面着手，最终正确、完整，又有表现力地表达出室内环境设计的构思和意图。

2.3 建筑室外环境快速设计

　　建筑室外空间是一个相对的概念，它是借由建筑实体的产生而产生的，两者形成一个互为虚实的关系。一方面建筑实体的外立面构成室外空间的边界，另一方面围绕着建筑实体的空间环境，或者由建筑实体之间相互关联而形成的空间，则构成建筑室外空间（图2-3-1）。建筑室外环境设计范围包括空间规划、设计组织、景观建设、遗产保护与复兴、自然平衡保护、有利于资源利用的合理土地使用规划等。目前景观设计作为一种实现土地利用与自然环境平衡的途径强调的是与自然合作，尽量利用自然的能动性，以整体系统为对象实现环境的完整性和统一性，并向综合多个设计学科以及广泛的科学而发展。

　　室外环境设计的一般步骤是接受设计任务书、现场勘察、场地解读与概念构思、初步方案设计、方案深化设计等几个阶段。整个设计的周期快则几天，慢则几个月，甚至几年；在较长的设计周期里，设计师可以较为充分地了解场地现状和相关的背景资料再进行项目构思；而在快速建筑室外环境设计中，整个设计周期往往只有几天（而考试则只有几个小时），重点是实现在以自然为基质的场地中，运用人工和自然两种要素进行构筑，创造出具有一定意义和形式的空间场所。

■ 图2-3-1　某小区建筑室外环境设计

◆ 2.3.1　室外场地分析与景观功能分区

2.3.1.1　任务信息解读

　　快速建筑室外环境设计中，在前期方案概念阶段，由于时间的限制，现场勘察步骤易被省略，一般只能通过解读任务书给出的设计条件了解场地的基本情况。研究、分析及合成信息的要思维环节对室外环境设计的最终确定有着重要作用。研究资料可以从现存项目、书籍、照片和以往设计经验中获取，而在快题考试中应在尽可能短的时间内完成分析过程。通常设计任务书会对项目的概况、场地现状、设计内容等方面进行说明，浏览任务书同时可用图式记录的方式来强化信息在脑海中的印象。设计任务书的文字说明和场地现状图中一般会给出下列信息：

　　① 场地所在地的地理位置　如北方城市或南方城市，可以据此判断场地的气候条件和日照条件；

② 场地内外的规划建设现状 说明场地内外的用地性质、场地红线范围、容积率指标、建筑密度指标、绿化率指标等，设计方案必须严格遵照这些指标；另外还有场地周边的道路状况、建筑布局和风格等；

③ 场地内外的自然条件 应了解场地的地形状况，如现状地形的等高线，较为平坦的地块可以用作大量的建设，地块坡度较大时应土方改造后利用，了解场地的地势起伏状况以安排场地排水等；

④ 场地现状图 标识出现状场地内的水系、植物、道路、建筑物和构造物的具体位置，设计过程中应尽量保留自然要素或者加以有效利用；指北针和风玫瑰图，可以解读出场地的风向、地块朝向等信息。

2.3.1.2 图例概念表示

对任务书提供的现状信息，应通过要素分类、归纳、质疑和推理等一系列的思维过程加以整理，涉及解决特定问题如使用面积，道路模式，以及展示设计方案的其它初步思想之间关系的概念等，可用符号、箭头和线形的图例来表示分析过程和结果。符号易于很快地被重新配置和组织，帮助设计师集中精力做设计分析阶段的主要工作，如涉及不同使用面积之间的功能关系，解决选址定位问题，发展有效的环路系统，推敲一些设计元素位置及彼此间有效地关系。抽象的图例可表示下面一些内容：

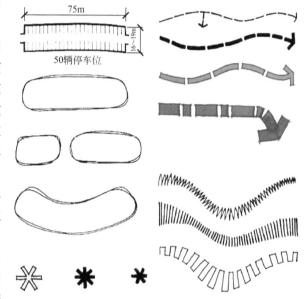

50辆停车位

■ 图2-3-2 表示不同概念的抽象符号

① 使用面积和活动区域 可用不规则的斑块或圆圈表示。在设计概念发展过程中，圆圈的界线仅表示使用面积的大致范围，并不表示特定物质的精确边界。在绘出它们之前，必须先估算出空间的尺寸，这一点很重要，因为在一定比例的方案图中，数量性状要通过相应的比例去体现。比如要设计一个能容纳50辆车的停车场，就需要迅速估算出它大概所占的面积约为75m×（16～19）m，一个停车位宽度3m左右，进深6m；单行车道宽4m，双行车道宽7～8m，圆圈范围太大或太小都不合适（图2-3-2）。

② 交通走廊或运动的轨迹 可用简单的箭头表示，不同形状和大小的箭头能清楚地区分出主要和次要走廊以及不同的道路模式，如人行道和机动车道。定向的箭头代表廊道的走向，并不表示具体的边界；也可用箭头表示引导的景观视线。

③ 重要的活动中心 可用星形或交叉的形状代表，也可表示人流的集结点、潜在的冲突以及其它具有较重要意义的紧凑之地。

④ 垂直元素 如墙、屏、栅栏、防护堤等，可用"之"字形或关节形状的线表示。

概念性的表示符号能应用于任何比例的图中（图2-3-3）。当场地现状情况较为复杂时，还需绘制多张侧重点不同的分析图，如现状用地分析图，记录适宜建设用地的具体范围；周边道路现状分析图，记录和分析周边的道路等级、主要建筑物的出入口位置等信息，以方便对场地内的出入口、停车场等做出正确的布置。依据场地分析结果，设计者应发挥创造力——有时需挣脱某些先入为主的观点和影响因素的束缚，在不破坏场地现状的前提下，可通过找轴线关系、变形、延伸或旋转等手法对场地进行分区，以满足人们活动的功能需求。

掌握一些专用性质活动场地的尺寸，如网球场

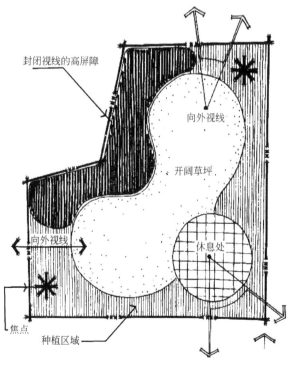

封闭视线的高屏障
向外视线
开阔草坪
向外视线
休息处
焦点
种植区域

■ 图2-3-3 场地分析图

（26.6m×18.3m）、篮球场（28m×15m）、排球场（18m×9m）、羽毛球场（13.4m×6.1m）、乒乓球台（2.74m×1.525m）等，有助于快速设计时优化场地空间的功能组织（图2-3-4）。

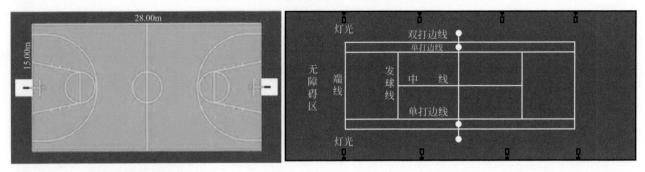

■ **图2-3-4 篮球场和网球场平面**

2.3.1.3 景观功能分区

室外环境设计的景观功能分区是将概念构思落实到具体的场地中的第一步，步骤如下：

首先依据室外环境的功能特性，比如动与静、公开与私密、景观观赏性要求的高或低等情况，将室外场地分成多个不同的区域，分析不同功能空间的先后顺序以及它们彼此之间的关系，将重要的功能空间放在总体规划平面中的主要位置，并依据它的空间形式衍生发展出其它功能空间的形式。

其次，推敲整体和局部空间的效果，包括秩序要合理，重要的功能空间要充分考虑视野开阔，界限限定分明，疏散流通方便；有些空间要有意识开放或有较好的流动性，同时注意空间大小疏密有致，灵活多变又井然有序。

最后将这些大小不等、形态各异的空间通过一定脉络的串联使之成为一个有机的整体，包括空间连接转换要自然合理，空间导视识别系统要完善，从而形成室外环境平面的基本格局。

上述功能分区的思维过程一般会结合图式语言来表达，以促进思维的分析过程。在设计的成果中，需要画出景观功能分区图、空间结构分析图、视线分析图等（图2-3-5）。

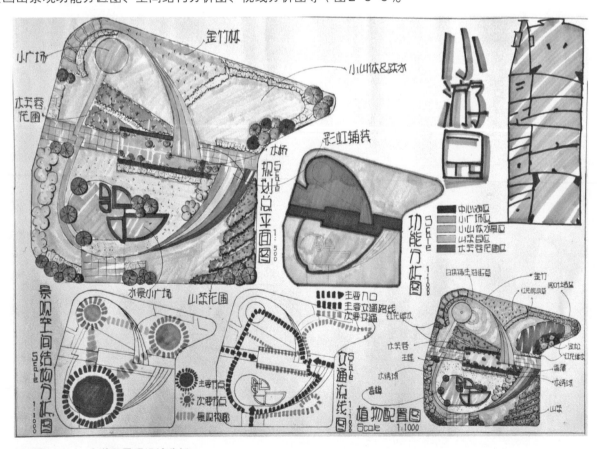

■ **图2-3-5 小游园景观设计分析**

◆ 2.3.2 场地布局模式与交通序列组织

2.3.2.1 景观场地布局

概念构思和功能分区确定后，需要结合场地的条件和景观设计要素，进行室外环境的总平面布局，其形式发展过程取决于两种不同的思维模式。一种是以逻辑为基础并以几何图形为模板，所得到的图形遵循各种几何形体内在的数学规律，运用这种方法可以设计出高度统一的空间。另一种是以自然形体为模板，表面随机却具有某种内在的规律和逻辑性。不论哪种设计思维模式，都需要将功能和形式完美地结合在一起，这个过程是从抽象的概念到具体的图形的跳跃。

下面介绍的几种常见平面布局模式。

① 线形模式　平面中的线形利于表达一种方向性，意味着运动、延伸和增长。线形模式可以根据场地中某一形体量度比例的改变或沿一条直线布置一系列离散的形体而产生。后者一系列的形体或者是重复的，或者是本质不同却通过一个独立的、明显不同的要素，如一面墙或一条路来组织在一起。线形可以是断续的或弯曲的，由于它本身具有可变性，容易适应场地的地形、植被、景观或其它特征。线式形式的一个特例就是轴线组织，围绕轴线布置建筑群体或景观环境的空间形式是平面图形组织最常用的方法之一。轴线可以转折，产生次要轴线，也可作迂回、循环式地展开。轴线设置可以与基地的某一边线一致，或者与周边区域及城市的主要轴线相一致，或者与原有的建筑群轴线一致，或者可以根据基地条件有意识地与上述轴线呈一定的夹角，轴线夹角部分产生的图形能够通过设计成为构图中的活跃因素，而使整体图形更为丰富。在一些需要体现秩序感、庄严感的空间，如在城市中心区域、纪念性建筑群、校园广场等室外环境平面设计中，运用轴线能有效地增强环境的整体效果。

② 几何形模式　把一些简单的几何图形如方形、圆形、三角形、椭圆形、螺旋形等或由几何图形变化出的图形有规律地重复排列，就会得到整体上的高度统一的形式，通过调整大小和位置，可以和景观要素结合布置。如图2-3-6展示了某庭院景观圆形模式的设计演绎：从概念性设计到圆形主题的构成，最终形成方案图。几何形的设计模式适合现代感、尺度较小的场地，如街头绿地、中心庭院等。大尺度的场地使用几何法设计，一般采取辐射形，从居于中心位置的核心要素，以放射状的方式向外伸展，追求恢弘的图案效果。

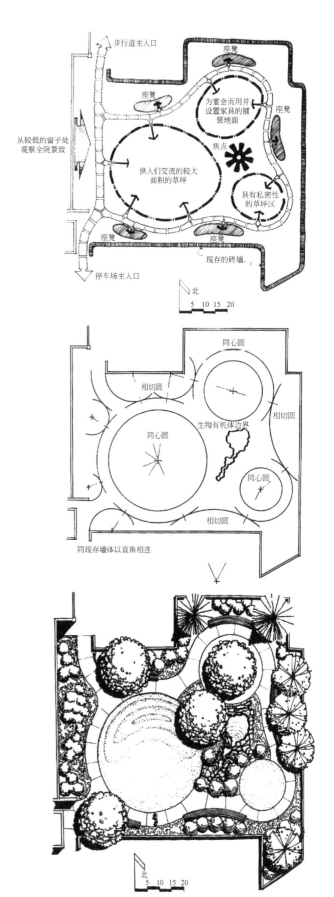

■ 图2-3-6　圆形模式的设计演绎图

(a) 自由式道路

(b) 规则式道路

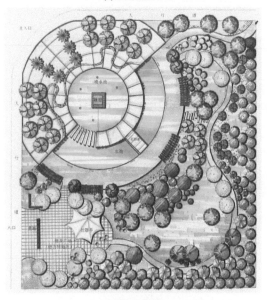

(c) 混合式道路

■ 图2-3-7 不同形式的道路系统设计

③ 网格模式 一副网格是由两组或多组等距平行线相交而成的系统，它产生的是一个几何图案。最常见的网格，是以几何方形为基础；因为它的几个量度相等，方向对称，所以一个正方形的网格基本上是无等级、无方向的。网格式组合的特点在于整体的规整性和连续性，它们渗透在所有的组合要素中，由空间中的参考点和线形成的构图建立起一种稳定的位置或稳定的区域，并形成均匀的质感。

④ 自然模式 更贴近生物有机体的自然形体比有规律的纯几何形体更易让人亲近，如中国古典园林中水面与道路、建筑与庭院的布局方式，都是对自然界山水形式的模仿、抽象或类比。

室外场地中运用的模式可以参考场地内现有要素的内在关系、环境尺度的大小，或者是安排景观元素的尺寸关系来组织划分，既不能一味地追求布局效果而忽视了室外环境的地形条件和功能限制，也不要为了追求平面的形式完整而忽略了场地的实际使用功能。其次，在设计时候不能仅关注平面布局的图案，需要联系竖向要素和视觉效果统一考虑。最后，每个室外环境场地地形和形状都是千差万别的，没有一种模式是放之四海而皆准的，一定要根据实际情况灵活运用。熟练掌握一些经典的室外景观设计平、立面构成方法，是进行快速建筑室外环境设计的有效途径之一，可以在实际运用中结合具体场地要求，加以模仿和灵活运用。

2.3.2.2 交通序列组织

道路是人流和车流的行径路线，它联系场地内外，串联不同的功能分区。道路系统是场地的骨架，它不仅是观赏景观的行走路线，同时起到切割和划分景观布局，反映出场地的整体空间秩序和功能要素间关系的作用。在快速设计中，道路系统组织考察的重点在于道路系统的安排是否合理，道路等级划分是否明确，道路线形以及附属的停车设施是否符合标准等。场地内的道路系统一般分为尽端式、环通式和混合式三类。

① 尽端式道路系统的各个线路相互独立、各个线路与场地外围道路有直接地联系，彼此之间互不干扰，尽端式道路系统的好处是避免了道路混杂的状况，不足之处在于各个功能部分之间缺乏直接联系。居住区内尽端式道路的长度不宜大于120m，并应在尽端设不小于12m×12m的回车场地（高层15m×15m，大型消防车的回车场不应小于18m×18m）。

② 环通式道路系统的各个线路在场地内互相连接，形成整体，这种道路系统的优点是所有进入场地的路线都可以比较快捷地联系到各个功能区域。

③ 混合式道路系统结合了上述两种道路系统的布局。

选择何种方式的道路系统需要综合考虑场地的形态、功能分区的情况和场地的地形限制等条件。

从平面形式上出发，道路系统又可以分为自由式、规则式和混合式（图2-3-7）。场地面积很大的自然地形，道路系统一般都采用自由式网状设计，优点在于契合自然地形，能够方便地联系各个功能区，同时便于划分道路等级。规则式道路形式感强、易于突出视觉焦点，常用于建筑群的主入口道路，或是纪念性室外景观设计中。设计规则式道路时要注意尺度适宜，通常在道路断面设计中将道路、硬质广场、绿化等设施结合在一起布置，避免单调感。一般室外环境中的道路是两种形式的结合。

场地道路系统的布局还包括合理安排停车设施、划分道路等级。

① 停车场的安排需要与场地道路系统相结合。设计师首先需要对各种停车位的需求量进行计算，如居住区内居民汽车停车场的停车率不应小于10%，地面停车率（居住区内居民汽车的停车位数量于居民住户数的比率）不宜超过10%。然后根据地形和交通功能需求设置停车场地。停车场的布置方式分为集中式和分散式。集中式用地划分明确，用地效率高，但停车场地过大时人行距离会过长，停车时段过于集中时还会造成道路拥堵现象。分散式停车是根据不同功能区需要而将停车场分布在场地的不同区域内，如居民停车场、库的布置应方便居民使用，服务半径不宜大于150m；而一些大型公建会划分出外部人员使用的停车场和便于内部工作人员使用的停车区。集中式停车的优点是有利于景观的组织，同时停车场地的大小和形态可以顺应地形的需求或限制而灵活设计。场地用地有限的情况下，可以选择在大面积绿化和广场的地下或者是建筑的地下层设置地下停车库，提高土地利用率。地面停车场相关规范要求：小汽车的车位面积为 25 ~ 30m^2，地下停车位可取 30 ~ 40m^2，当停车位的数量超过50时，需要设置2个以上的出入口。

② 根据人、车流量确定道路宽度　小路单人通过宽0.6m，双人通过宽1.2 ~ 1.5m，2m可容单人与推婴儿车的人插身而过；一般道路旁人行道的宽度3 ~ 4m，商业步行街的最小宽度6m；城市支路一般宽12 ~ 15m，城市次干道宽25 ~ 40m，城市主干道宽30 ~ 45m；道路绿化带宽度至少为3m，即每侧绿化用地应不少于1.5m宽；常见的道路绿化株距为4 ~ 8m，每株树的树池宽1.5m ~ 2m。居住区内的道路宽度分四个等级：居住区道路红线宽度不宜小于20m，小区路宽6 ~ 9m，组团路宽3 ~ 5m，宅间小路宽不宜小于2.5m。

③ 室外环境的道路断面设计可以相对灵活　比如风景好的地段可以适当增宽人行道的面积，在人行道上布置休闲设施，为人们提供更多的活动空间；地形复杂的情况下，道路中车行道和人行道可以设置在不同的水平高度上，以顺应地形的要求。

道路的画法应注意：车行道路与车行道路相交叉时，不能出现小于30度的锐角；道路平面设计中，直线段与曲线段的过渡一定要平滑，转弯处的道路一定要圆角处理，示意出转弯半径；道路在平面中的表示一定是有始有终，有入口和出口，或者与其它道路相互衔接。

◆ **2.3.3 铺装装饰与水体造景**

2.3.3.1　铺装装饰

铺装是构成室外环境空间底部界面的要素之一，其作用在于提供引导方向和游览路径，或满足让人停留和进行游憩活动的需求。同一标高相互连接的不同形式的铺装暗示了不同的空间领域（图2-3-8）。针对快速设计应熟悉掌握几种不同的铺装，如石材、木栈道、鹅卵石等铺装的表现手法，以及具体的构造做法（图2-3-9）。

铺装设计的重点是尺寸选择、质感、图案和色彩设计。铺装图案的设计原则是符合场地的使用性质，使人们对铺装的视觉感受和场地的使用功能相一致。一方面铺装图案与线条的稳定程度，受色彩变化的大小而定；另一方面色彩又从属于纹样与材料。铺装的色彩选择应能为大多数人所接受，即稳重而不沉闷，鲜明而不俗气。色彩必须与环境统一，或宁静、清洁、安定，或热烈、活泼、舒适，或粗糙、野趣、自然。

铺装的质感可以影响空间的比例效果，例如水泥块和大面的石料适合用在较宽的道路和广场，尺度较小的地砖和卵石比较适合于较小的路面或空地上；铺地质感的变化可以增加铺地的层次感，比如在尺度较大的空地上采用单调的水泥铺地，在其中或者边缘采用局部的卵石铺地，可以丰富空间层次。铺装材料尽量选择当地的特色材料，同时需要与室外环境营造的氛围相协调，如大面的石材让人感觉到庄严、肃穆，砖铺地使人感到温馨亲切，石板路清新自然，水泥则形成纯净冷漠的感觉，卵石铺地富于情趣。最后要考虑铺地材料的吸热性、排水性、防滑性、安全性和耐用性。

■ 图2-3-8 南京郑和公园入口铺装

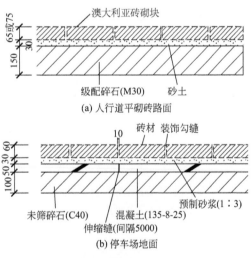

澳大利亚砖砌块

级配碎石（M30）　　砂土

(a) 人行道平砌砖路面

砖材　装饰勾缝

未筛碎石（C40）　混凝土（135-8-25）

预制砂浆（1:3）

伸缩缝（间隔5000）

(b) 停车场地面

■ 图2-3-9　铺地构造图

快速室外环境的铺装设计需注意以下几点：

① 树阵的栽种与硬质铺装相结合时，单株植物应栽种在铺装的中心位置或者铺装的交汇处，这样的布局容易使得树木栽种与广场取得协调的效果，也有利于施工的展开。

② 铺装的分割线条应与整个场地的建筑、墙体等取得视觉上的一致性；不同图案和材质的铺装相交接时，交接处需要进行衔接处理，比如纹理相拼接，或是用第三种材质进行过渡（图2-3-10）；铺装的大小、形状和分割尺寸影响人们的心理感受，小尺度的铺装让人有亲切感，大尺度的铺装会产生开阔的感觉；也可以利用铺装图案暗示交通流线，或用铺装勾勒出构筑物的轮廓，以呼应构筑物的形式。

③ 条石等自然形态的材质常常用于铺设林中小径，需要注意的是石块之间的尺寸要适合人的行走，过疏、过密都不方便使用。

④ 现浇混凝土作为硬质铺装时，可以较为自由地在表面刻画出假缝；条形的铺装对方向的暗示性最强，具有流动性，无方向性的铺装或者向心形的铺装，易塑造安静、静止的空间意向。

2.3.3.2　水体造景

水体可以称为室外环境设计中最为灵动的要素，水体随着盛装容器的不同而呈现不同的形状，水因流动而发出的声音则构成室外环境要素的最大特点。注意不是在所有的室外环境中都要设置水体景观，应依据场地的气候条件而定。如场地本身就有水体穿越或者周边有大量的水源时，可以结合现状水体的形态和水流的方向，适当地布置水体。而干旱少雨的地区可考虑利用雨水收集池设计水景，即雨水被收集、储存、

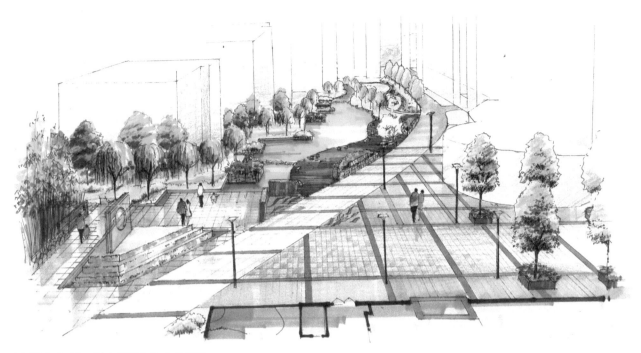

■ 图2-3-10 某广场铺装和水体设计

生态净化后作为重要的景观用水再利用，同时水景又大大提高了环境的居住品质。

水体的面积可大可小，大面积的水体呈块状，可以分割场地的底面，会控制整个场地的平面形态；小面积的水面或者呈线状、点状的水体形态则对场地环境起到画龙点睛的作用。

室外环境设计中，水体的形态可以分为静水和动水。静水设计重点是它的平面形态和与相邻景观要素的搭配，动态水体设计的重点在于选择合适的动态水体类型以配合不同的环境氛围的营造。静态水面给人安静祥和的心理感受，按照形态可以分为规则形和自由形两种（图 2-3-11、图2-3-12）。现代商业建筑、

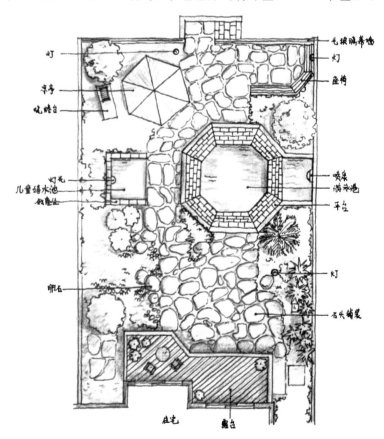

■ 图2-3-11 规则式水面设计

办公建筑的室外环境往往采用几何形式的布局，因此静水的形态也多以规则形式出现，如弧形、多边形、方形等。广场中间的水体岸线可以是硬质铺装，或者结合座椅设计，自然草地中的规则水面岸线则可以直接是植物护坡。在以自然风景为主体的室外环境中，静水的形式一般为自由形态，常见的大型的水面形态有云形、肾形、心形等（图2-3-13）。当场地中静态水面占据较大面积时，水面形态一定要优美，水面还可以用岛、半岛、堤、廊、桥、汀步、观景台等形式进行分割，使水面形成大小对比、开合有序的视觉效果。自由形式的水岸线也是一个设计的重点，水岸的形式一般有草坡、散置山石、假山驳岸、砌块护坡等，需要根据现状的特点和对景观的需求进行布置。

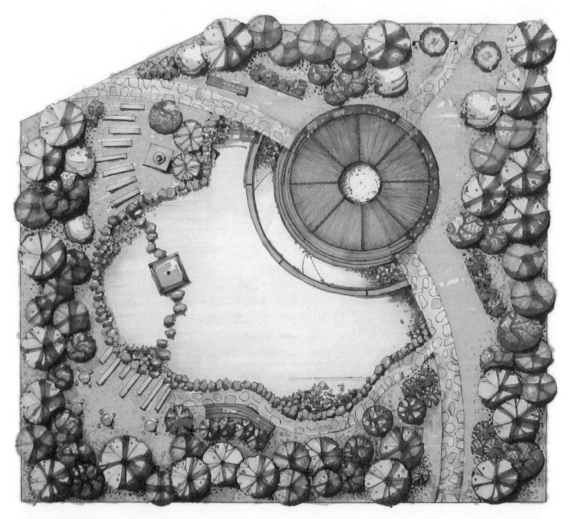

■ 图2-3-12　自由式水面设计

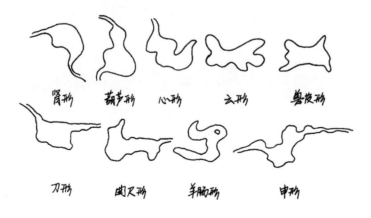

■ 图2-3-13　自由水体形态

动态水体的形式有跌水、瀑布、喷泉等。动态水体占地面积较小，在快速设计的图纸上，平面一般用文字标注的形式说明动态水体的类型，主要通过透视图细致地表达出设计的构思。瀑布需要结合剖立面图表示，常见的瀑布形式有水幕墙，即水面沿着墙体从上往下挂落；跌落瀑布，即落水经过不同高度的平台间断地跌落而下。

　　水体设计需要通过场地的剖面图（一般会选择垂直于岸线的面）表达出水体底部、水位面、岸线形式、场地地面等标高关系（图2-3-14）。大型水岸的设计需要考虑到水位与岸线的衔接问题，掌握最低水位线、常水位线、最高水位线的位置情况，相应的景观岸线也可以分成几个不同的标高，大量的人群活动需要在最高水位线以上，低一层的亲水平台可以比常水位略高，这样既提供不同性质的活动场地，又丰富了景观层次。

硬质、软质相结合的驳岸

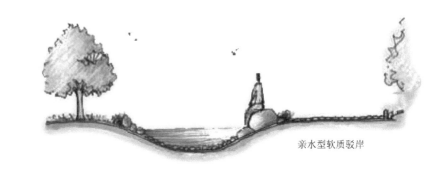

亲水型软质驳岸

　　水景设计中水体的深度、池底的材质等直接影响到水面的景观效果和人们使用的活动效果，在水景设计的剖面图中需详细地交代清楚，水体越深、水底的材质颜色越暗则水面的倒映效果越强烈，反之则反射效果越差。水岸的陡峭程度影响着水体的大小感觉，陡峭的岸线显得水面较小，而平缓的岸线则显得水面较大且开阔。基于安全考虑，供幼儿嬉水的水景以浅水为佳。

水溪型软质驳岸

　　水景设计时，需要考虑到水景与其它景观要素之间的关系，常见的水景设计模块有四种：

　　① 水景与滨水广场结合　滨水广场一般深入到水面，水体成为广场的背景。

　　② 水景与观景道路结合　观景道路围绕着水体，道路与水体的关系有三种，即道路远离水体，供人们远观水景；道路贴近水体，呈相切的关系；道路伸入到水面内，可以使得人们和水景更加亲近。在总体布局中可以灵活安排道路，使人们在行走中感受不同的水体景观。

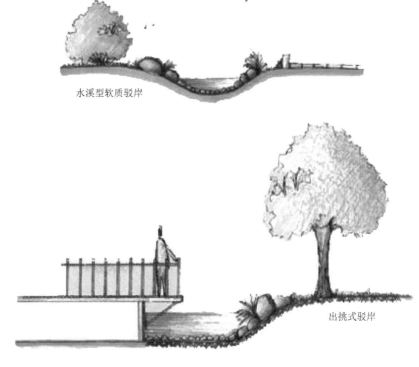

出挑式驳岸

■ 图2-3-14　不同水体驳岸的剖面表示

③ 水景与植物栽种结合 植物栽种在水体边，既提供夏天庇荫空间，又避免把水面一览无余，增强了景深关系。

④ 中国古典园林景观中水体还常与假山置石结合。

◆ 2.3.4 植物配置与小品设计

2.3.4.1 植物配置

植物配置是影响室外环境设计方案效果的一个重要因素，快速设计的重点是与场地的功能相结合进行植物的类型选择、空间分布和色形搭配，并运用植物作为景观要素塑造丰富的视觉效果。如当建筑物之间的关系缺乏统一的情况下，可以用植物将其从视觉上联系起来；也可以用植物来突出某些空间，例如庭院、建筑入口等等（图2-3-15）；植物也可以作为背景，将和环境混杂在一起的认知主体衬托出来，增强效果；当地形和构筑物形成的构图尚不完美时，利用植物来完善和改进。注意植物配置设计要尊重场地的自然条件，尽量使用本地植物，可降低成本，保证成活率，并且易于形成地方特色。

■ 图2-3-15 某地下车库入口植物配置

快速室外环境设计中植物的安排需要在构思方案功能布局的时候统一考虑，而不是在做完总平面布局之后再对植物进行补充配置。主要设计步骤如下：

① 首先需要根据场地的功能分区确定出种植植物的区域。

② 结合场地内外条件的限制和要求，对这些种植区域细化，划分出更小的、代表不同植物类型、大小和形态的区域。这些细小区域的划分必须考虑场地空间效果，也就是该区域内植物高度和景观空间的关系。比如利用植物位置、高低和疏密限定出开放空间、半开放空间、开敞的水平空间、封闭的水平空间和垂直空间。具体而言，在平面上植被可以作为地面材质和铺装结合，暗示空间的划分；在垂直空间上，枝叶较密的植被在垂直面上将空间限定得较为私密；而树冠庞大的遮阳树又从空间顶面将空间进一步地划分。通过比较，勾画出不同效果的立面草图，以评估和最终确定植物的分区方案详图。

③ 前两个阶段都是将植物群体作为设计的对象，后一阶段应在确定的植物分布区域详图的基础上再做细节深化，如在视线焦点处布置单株的观赏树加以强调等。

④ 最后要选择一些重点的种植区域，将不同类型的植物进行搭配设计，以最终确定景观设计的植物配置方案。在种植成片成簇的植物时要注意植株之间的空隙，预留植物生长的空间（图2-3-16）。

■ 图2-3-16 南京郑和公园植物配置

植物种植要点：

① 树阵　规则形态的硬质广场，按照一定的模数将广场划分成若干的网格，网格的节点处种植单株植物，这种种植方式利于取得统一的景观效果。

② 单列行道树　道路两侧必须种植行道树，根据道路的等级和断面形式不同种植方式略有不同，道路断面较大时行道树可以安排在车行道与人行道之间，或人行道外侧；道路断面窄时行道树可以安排在道路的最外侧。

③ 广场　植物栽植要配合硬质铺装的形式，以完善空间的效果，比如曲线形的广场周边可以安排曲线形态布置的植物。

④ 园林式植物　应以自然形出现，植物可与园林小品、假山石等结合构成景观效果，常见的搭配有庭院玫瑰（月季）、凉亭紫藤、阶前芭蕉、转角梧桐、河岸垂柳、景墙竹林等。

⑤ 群植的植物需要注意视觉的层次性　地被植物、灌木、小型乔木、大中型乔木等，多种植物的组合应形成韵律，运用质地、颜色、高低错落相互协调，从而形成丰富的立面和视觉效果。

2.3.4.2　小品设施

室外环境设计中小品设施是点睛之笔，它们不仅美观，还具有一定的使用价值，如休憩、遮阳、围护、观景、照明等。一般室外环境中的小品设施分为以下几类：信息设施、卫生设施、娱乐服务设施（坐具、游乐设施）、照明安全设施、交通设施、艺术景观设施、无障碍环境设施。景观小品、设施设计必须首先处理好与环境的关系，造型、材料的选择以地域和文化背景为依据，同时结合地面铺装上的变化协调完成造景需要，让四季均有景可观。

小品设施总的设计原则为以下五点：

① 景观小品设施的位置应符合功能需求，方便使用，并考虑满足残障者、老人和儿童的特殊需求。

② 提倡使用新技术、新产品及绿色环保材料，其功能应全面。

③ 景观小品及公共设施的设计应讲求风格的变化统一，体量适宜，注重整体感；如居住区的小品设施不宜太大，应亲切而与居住区整体风格相协调；公共空间的小品则可以强调其形式感，突出空间性质。

④ 居住区景观小品设施宜结合体育、娱乐设施设置，并符合使用者的尺度和安全要求；设施的形式宜少而精，形体不宜突出，强调其观赏性与趣味性，并应起到点缀和强化整体景观的作用，与周围环境取得和谐；

⑤ 景观设施的色彩应考虑环境整体色彩基调，尽量选用与自然协调的色彩，如土黄色、红砖色、棕色、棕绿色和暖灰色等。

下面介绍几种常见的小品设施。

（1）座椅

室外座具包括座椅或凳、门或户阶、窗台、矮墙、台阶等，提供人们休息、等候、聊天和用餐的场所，同时也可作为重要的装饰点进行设计。室外环境中的普通座椅座面高38～40cm，座面宽40～45cm，单人椅长60cm左右，双人椅长120cm左右，3人椅长180cm左右。靠背座椅的靠背倾角为100°～110°为宜。一般座椅都是标准化生产的，设计时选好和环境相配的造型，安置在合适的地点即可。室外座椅的选址应考虑北方地区冬季取暖、防风和南方地区夏季防晒，并有益于观景，后退于园路的旁侧；设置于阳光直射区域的室外座具，宜选用非金属材料和浅淡色调；其整体外形及细部设计应尽量简洁。

座椅布置在大型乔木的下面，其形式可环绕树干一圈呈环形布置；座椅的后部，有密植的灌木或者墙体时，一方面可以阻挡冷风的吹袭，另一方面也增强了私密性。条形的座椅长度可以较为随意，沿着场地的形态布置，容易与环境空间协调。单个的座椅可以采用不同数目的座椅组合，为使用者提供更多的选择机会；在铺地简洁的广场上，座椅的形式和色彩可以更加突出和醒目。座椅与指示牌的结合，成为候车亭，造型多变的座椅则可以成为空间的雕塑。

（2）景墙

包括混凝土墙、预制混凝土砌块墙、石墙、花砖铺面墙等。景墙形式应与整体景观环境协调，宜根据自身条件采取不同特色的造型，并在虚实、曲直、连续性上产生变化。如平面布局中，曲折多变的景墙布局可以增加空间的层次和趣味性；当景墙围合成适当的公共空间时，应创造环境的安静和私密性。

景墙分隔空间的强弱因墙体的高度、长度以及通透性的不同而有所区别。高度超过1.8m，没开窗洞的景墙，可以完全遮挡人的视线，对空间的封闭效果最强烈；高度在0.8m的景墙只能限制人们的活动，不能穿越，但是视线则是毫无阻挡；当墙体高度降到0.45m且墙体有一定的厚度时，则可以变成供人们休息的座椅。景墙与长廊的结合是中国传统园林里常见的形式，镂空的景墙可以采用传统漏窗的形式；简洁的墙体可以充当其它景观要素的背景，造型多变的墙体则应该是环境空间的主体。

景墙的绘制需注意：平面中墙体的厚度需要绘制出来，不能用单线条表示，墙体的阴影需要与墙体的立面形式相一致。立面中注意墙体高度的准确性，墙体通透的部分可以看到后面的景观，实体的部分遮挡住后面的景观；画图时候需要注意细节，如立面中可表示出墙体材质、色彩、砌体的缝隙和纹理（图2-3-17）。

剖分效果图

屋顶花园平面设计   入口   入口

剖到面图

■ 图2-3-17　庭院景观中景墙的设计

（3）廊、架、亭

属于庇护性景观构筑物，是室内外的过渡空间，并在恶劣气候条件为人们提供户外活动空间。庇护性景观构筑物的设计应可见、易达、景观视界佳、临近场地内的主要步行活动路线，同时可在其中增设座椅、图形显示器、音响、灯具等辅助设施提高使用率。

廊、架的高度一般在2.2～2.5m，宽度3.0～5.0m，立柱间距2.4～2.7m，可采用盘结藤萝、葡萄、

图2-3-18　南京郑和公园景观小品设计

藤本蔷薇、木瓜、丝瓜、葫芦等蔓生植物构成庇荫设施。亭的形式、尺寸、色彩和题材等应与场地景观相适应、协调。亭的高度一般在2.2～3.0m，宽度宜在3.0～5.0m。

　　总之，景观小品设施的设计应根据实际的功能，提炼传统文化和汲取地方构造工艺，充分考虑景观环境与小品及人的关系，体现景观小品设计的本质（图2-3-18）。

教 学 引 导

●教学目标：通过本节学习，使学生了解建筑室外环境快速设计的室外场地分析、景观环境功能分区、场地布局模式、交通序列组织、铺装装饰、水体造景、植物配置和小品设计等内容，并能通过图示语言展现自己的设计。

●教学手段：主要通过图片讲解的方式来进行，并通过一定的实例分析加深理解。

●重点：了解建筑室外环境快速设计的程序，归纳出具有个人风格的快速设计表现形式。

●能力培养：通过本节教学，培养学生快速建筑室外环境设计的能力。

●作业内容：在1周时间内，根据给定的快速建筑室外环境设计任务书绘制设计图。

小 结

　　建筑室外环境快速设计要在有限的时间内完成方案构思与表达，首先应正确处理场地内环境景观与特定条件的结合与避让，根据周边环境、道路条件、现有建筑物的条件，合理布置场地内部道路、停车等功能，注意流线设置应与环境氛围、使用者的行为、心理习惯相符合。其次根据不同的环境类型、不同的使用者需求确定主要的功能区，空间设置应具有多样性，各空间之间有一定的过渡处理，同时形成序列感与层次性。最后考虑环境景观构成要素的合理应用，包括铺装装饰、水体造景、植物配置和小品设计等，应与环境整体氛围统一。

2.4 设计图纸表现

◆ 2.4.1 色彩和构图原则

2.4.1.1 色彩

快题设计中的色彩搭配和表现是协调图纸效果的重要手段之一，应注意以下四个方面：

① 画面总体要求"和谐统一"。在色彩的选择上尽量选择中性色系或蓝灰、墨绿、棕褐等较为"沉稳"的颜色，慎重使用对比色。色彩的使用上不要太丰富，保持整体感觉的统一协调。

② 局部区域要"跳跃突显"，吸引眼球。"跳跃"是指图纸中要有突出点，首先应该要有分量重的颜色压住画面，多用阴影表现，使图中设计对象有体积感（图2-4-1）；其次为了活跃画面，可选用鲜艳亮丽的暖色点缀局部区域，如符号、配景、人物，标题文字等。

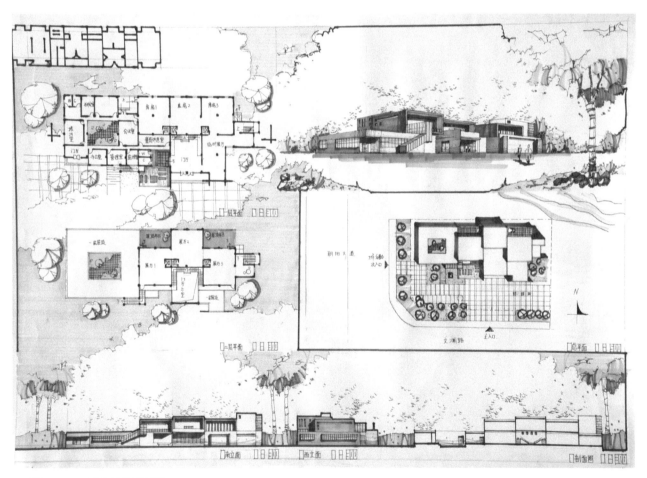

■ **图2-4-1 博物馆快题设计**

③ 尽量使用线条勾画的手法来表达方案，掌握色彩表现的度，避免色彩喧宾夺主而使线条效果大为削弱。在色彩的铺陈上重点表达对象固定的色彩，如材质、树木、天空以及对环境如铺地、绿化、水体的着色表达。

④ 色彩运用应符合建筑和环境空间的性格，既要与周围相邻建筑、环境气氛相协调，又要适应场地的气候条件与文化背景。材料的色彩表现包括两个方面，一是表现材料本身的固有特性，如清水墙的粗糙表面、花岗石的坚硬、大理石的纹理、玻璃的光泽等；二是表现某种特殊质感，如镜面反射、环境的影响色等。

2.4.1.2　构图

在快题设计中，为了能够有效地表达设计构思，应采用一种有序统一的构图方式将设计成果展现在图纸上。好的板式设计能够将图纸上的多个图面有机地贯穿起来。同时注意，版式的设计要以突出设计为前提，切勿使无谓的元素太跳跃而适得其反。在一套图纸中，尽量在版式、形状、方向、尺寸大小上保持一致。适当的运用一些颜色块面来整合琐碎的元素，是一种很好的构图方式（图2-4-2）。

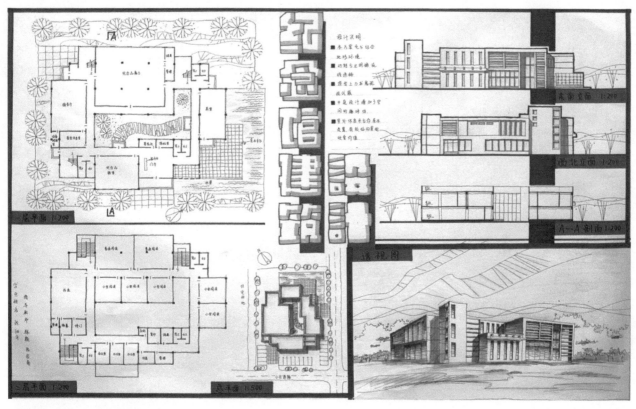

■ 图2-4-2　纪念馆快题设计

快题设计中构图的注意事项：

① 应满足题目的各项要求，并符合相关制图规范。如果任务书中没有具体规定，图纸可以是一张A1或者两张A2，构图的整体要求是均衡、饱满、统一。当排版中出现空白处时，可以通过添加一些与设计相关的标题、说明、符号、配景、分析图等来充实画面，但注意不要超出设计要求内容，以免画蛇添足。

② 快速设计时间有限，在应试中建议按照平——总平——效果图——立面——剖面的顺序来完成。

③ 快题设计表现中，一般采用横构图方式，版面布置应当均匀而重点鲜明，将着重表达的内容作为整张图纸的视觉中心。各层平面图和立面图在垂直方向上可对齐排列；剖面图和立面图既可在垂直方向上对齐排列，也可对应横向放在画面的底部。一层平面图和效果图作为重点可以放在画面的中心显眼位置。关键是图纸布置不能太空也不宜太满，要疏密有致。

建议多找一些优秀的国内外快速设计表现作品作为参考，不断地练习修改，移植设计出一套适合自己的排版和颜色搭配方案，最终形成自己的表现风格。

◆ 2.4.2　字体书写模板

2.4.2.1　书写步骤

① 打格　确定字的大小和形状。

② 布局　一般快题设计中标题字以美术字为模板，首先要了解字体的组织结构和基本笔画的特点。汉字的组合结构有单独结构，如"中"；有左右结构，如"设"；有左中右结构，如"咖"；有上下结构，如"筑"；有上中下结构，如"草"；有里外封闭结构，如"园"；有里外半封闭结构，如"区"，还有"品"字

形组合，如"森"。字体布局时应根据每个字的组合结构，划分各部分的比例（图2-4-3）。

③ 定骨架　用单线划出字形，用笔要轻，笔迹宜淡。

④ 双勾字形　笔画要统一，按骨架的位置画出笔画。

⑤ 填色　按需选择颜色，填色一般先画轮廓，再在中间填色。

2.4.2.2　注意事项

快题设计中的标题和图名可以用铅笔打好格，千万不要随手起笔。设计说明可以用铅笔打横（或竖）线格，字体的书写应工整有序，需作平行线以统一字高。设计说明宜分为几个段落书写，且条理清晰。对于A1图幅来说，大标题40mm、图名12mm、标注7mm为宜；同类字保持大小一致。

◆ 2.4.3　建筑设计快速表达

2.4.3.1　总平面

总平面的目的主要是表达建筑与基地环境的关系，因此总平面的表达应严谨，每根线条都有其存在的意义，切忌有多余无用的线条（图2-4-4）。建筑设计中总平面的表达一般有以下步骤：

① 用H或HB铅笔将原有草图的总图在正图上画出底稿。而后用0.2针管笔将底稿描一遍，建议线条徒手描绘，增加设计的快速感。

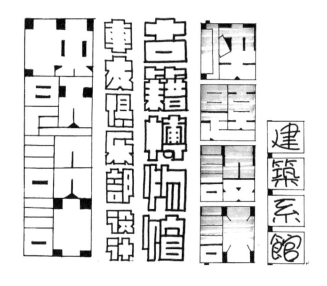
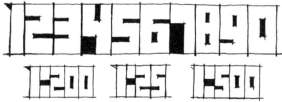

■ 图2-4-3　常见字体

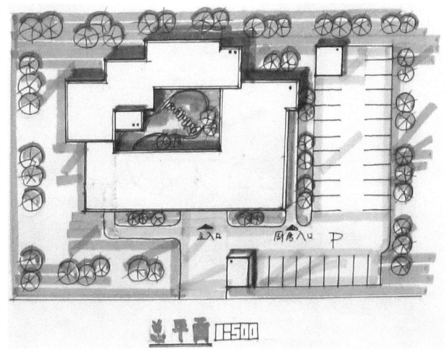

■ 图2-4-4　总平面表现

② 用0.5针管笔将建筑物的轮廓线加粗，最好能给建筑物加上阴影，最简单有效的方法是用深灰色马克笔平涂，这样可使得建筑物的形象更突出，画面更精神、饱满。

③ 正确表达出基地内道路、车位等要素，并用涂黑三角箭头表明建筑的主次出入口。

④ 示意绿化、广场铺地。由于总平面的比例尺较小，一般为1：300、1：500，因此关于广场铺地、绿化等表现不必过细，注意绿化面积应在30％以上。广场铺地可用方格网表示，草地在靠近边缘处通过简单地打点表示，而树木可以用简单的圆来示意，要注意比例，一般行道树的树冠4～8m，不要画得过大或过小，以免尺度失真。

⑤ 将基地的各种条件表达完善，如建筑层数、周边道路、相邻建筑轮廓线、建筑红线、用地红线、指北针等信息必不可少。

⑥ 指北针用细实线绘制，直径宜为24mm，指针尾部的宽度宜为3mm，需用较大直径绘制指北针时，指针尾部的宽度宜为直径的1/8，头部应注"北"或"N"。一般以上方为北，即使倾斜也不应超过45度。指北针应选用简洁的图例，切勿随意画风玫瑰图（图2-4-5）。

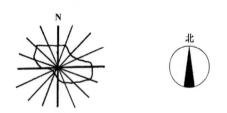

风玫瑰图表示风的吹向频率，风向为自外向内。

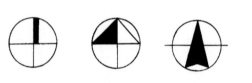

■ 图2-4-5　风玫瑰和指北针

⑦ 标高数字应以米为单位，注写到小数点以后第三位，在总平面图中，可注写到小数点以后第二位；总平面图室外地坪标高符号，宜用涂黑的三角形表示。零点标高应注写成±0.00，正数标高不注"＋"，负数标高应注"－"，例如3.00、−0.60。标高符号用细实线绘制、高为3mm的等腰直角三角形（图2-4-6）。

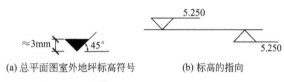

(a) 总平面图室外地坪标高符号　　(b) 标高的指向

■ 图2-4-6　标高符号

其它的总平面制图要求参考《总图制图标准》、《房屋建筑制图统一标准》等制图规范。

2.4.3.2　平面

平面是表达建筑设计的重要内容。平面图包含着巨大的信息量，通过它可以了解建筑物的功能布局、流线组织、空间关系等。平面绘制的顺序如下：

① 用H或HB铅笔将原有草图的平面图在正图上画出底稿。先画轴线，用圈表示柱子的位置，再依次画出纵横墙线，此时可不管门窗位置，也不留洞口。而后在有门窗的墙线上画出垂直线，门扇开启线可用长线条表示。一般平面上不考虑窗户的大小，可在绘制立面时斟酌。

② 先用黑色方头马克笔点出柱子的位置，然后用0.2的针管笔勾勒柱边，再画出实体墙，留出门洞，标明窗的位置。当比例为1：100时，墙体线可不必加粗，直接用深灰色的马克笔将墙体涂实，窗户可用三条线表示；当比例为1：200时可直接用0.5的针管笔画出墙体，窗户用两条或三条线表示。一般而言，较大规模的建筑平面宜采用尺规绘图，可保证线条流畅，但注意水平线与垂直线相交时可出点头，局部细节门窗、台阶、配景等可用手绘，以免图面过于拘谨。小型建筑的平面可以直接徒手绘制，这样画面效果自由灵活，具有快速设计的特点。手绘墙体时可将墙体画得稍厚一点，以免墙体过细而使墙体的两根线条撞在一起，影响图面的美观。

③ 注明房间名称，在时间允许的条件下应绘出主要空间（如门厅、休息厅、报告厅）及卫生间的室内布置，以此反映这些空间的形状、比例是否符合功能的使用要求。

④ 绘出台阶、平台、花池、绿化、广场铺地和建筑小品等环境设计内容。一层平面的配景与总平面的配景内容应该是一致的，但是一层平面的比例大，因此它的配景绘制应更细致一些。平面树形可选用两三种混合使用，注意大小搭配，大树可选择较丰富的树形，小树则选用简单的树形。大面积的绿地可用马克笔排色或针管笔打点，注意马克笔笔触不能零乱，颜色不要过艳过重。在建筑设计中，室外环境配景是为了衬托平面，使建筑的内部空间及其与外部空间的关系更为清晰地展示出来，千万不能过分表现，喧宾夺主。

⑤ 二层平面应绘出一层屋顶平面可见线，也可将屋顶与室内用颜色或方格网铺地区分开来（图2-4-7）。

⑥ 平面图中勿忘记表达的内容有指北针、剖切符号、根据要求进行尺寸标注、室内外不同地坪的标高等。

⑦ 注意剖切符号应画在一层平面（即 ±0.00 标高的平面图）上，其它层平面不需要绘制。剖切符号应由剖切位置线与投射方向线组成，均以粗实线绘制。剖切位置线的长度为6～10mm，投射方向线垂直于剖切位置线，长度短于剖切位置线，宜为4～6mm；剖切符号的编号宜采用阿拉伯数字，按顺序从左到右，由下至上连续编排，并应注写在剖视方向线的端部；需要转折的剖切位置线，应在转角的外侧加注与该符号相同的编号。

2.4.3.3　立面

立面表达的是建筑体型组合关系，重点是要将建筑轮廓、门窗等立面元素正确投影（图2-4-8）。

① 在铅笔底稿的基础上用0.2的针管笔描出投影线；用更细的针管笔将建筑的主要立面、入口等重要部分仔细刻画，包括窗户的划分、墙面的划分、檐口和勒脚的处理；再用0.5的针管笔加粗建筑外轮廓线。立面图的地平线是最粗的，可用马克笔平涂，颜色同平面墙体一致。

② 画出立面阴影。通过强烈的光影可以表现建筑体形和起伏变化，使得二维的立面图有三维的立体感。阴影不可画得过死，可以采用横排线、打点或者用马克笔铺面，做到由深到浅地变化。

③ 用马克笔将玻璃涂色，忌满涂、平涂，可采取上深下浅、左深右浅的渐变规律。时间充裕时还可用线条或淡彩区分出不同的材质（如木，砖，石，涂料，铝板，混凝土等）。

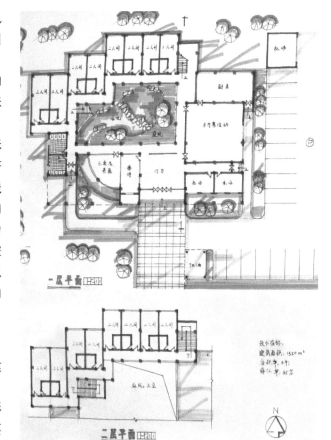

■ 图2-4-7　平面表现

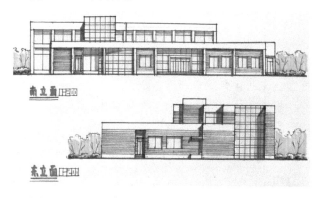

■ 图2-4-8　立面表现

④ 在立面上绘制适当的配景树，这样可以软化建筑界面，使得图面内容更为丰富。配景树可选择几种简单的灌木和乔木相结合。

⑤ 立面图的比例应与平面图一致，标注层高和总的高度尺寸。

⑥ 在建筑立面图上，外墙表面分格线应表示清楚，可用文字说明各部位所用材料及色彩。

2.4.3.4　剖面

剖面图能在二维平面图的基础上，更进一步从垂直方向上表达内部空间的特质，并且还能表达出结构形式、构造等内容，因此剖切位置应根据图纸的用途或设计深度，选在能反映全貌、内部空间变化丰富或者构造有特点的位置，如入口大厅、共享空间、采光顶和错层等部位（图2-4-9）。剖面图与平面图的画法类似：

① 首先要把剖到的墙体、楼板、梁用封闭的双线表示，而后用深灰色的马克笔将墙体、楼板、梁涂实。画的时候要把结构和构造交代清楚，梁柱断面和投影线的关系正确，女儿墙和檐口要表达完整。

② 标注出各层标高、屋顶标高、室内外高差和总的高度尺寸。

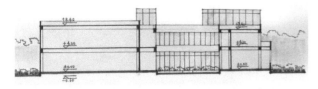

图2-4-9 剖面表现

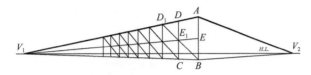

图2-4-10 两点透视

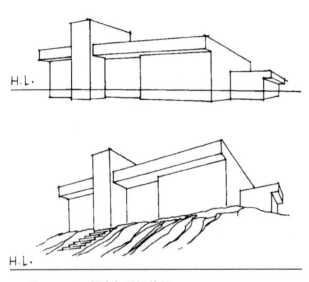

图2-4-11 视高与透视效果

③ 剖面图的比例应与平面图、立面图一致。剖面图中的立面投形不表现建筑的材质，更不用画阴影来喧宾夺主，但可以画出与立面相一致的配景树，使得整个图面更为统一。

2.4.3.5 建筑透视图与配景

建筑透视图分量很重，它能集中表现设计意图，尽显设计者的设计能力和表现能力。首先根据设计的内容，可选择人视或鸟瞰或轴测图来表现建筑。人视可采用一点透视、两点透视。一点透视是最简单省时的做法，由主立面直接拉出纵深空间进退关系即可，适用于主立面前后形式层次丰富的方案。两点透视最为常用，是人们观察建筑物的常态，它能清楚地表达相邻两个面的透视关系（图2-4-10）。鸟瞰视点高，更适宜于表现大的场景，如分散式的建筑群和成片规划的建筑。轴测图比较简单，但相较于鸟瞰而言，不能产生真实自然的建筑场景，只是程式化地图解方案的三维空间关系，因此在表达时宜采用钢笔线条白描，不需要阴影、色彩。下面主要介绍两点透视和鸟瞰的快速绘制方法。

（1）两点透视效果图的步骤

① 求好建筑物的体形透视关系。因为时间有限，不可能按制图规则一点点求出来，可先确定真高线和灭点的位置及视高，求出大体的轮廓。真高线AB的高度一般为排版中建筑透视效果图所占图幅的除配景以外的范围。视高为B点至视平线的距离，大致在1.6m左右，如要表达建筑的仰视效果，可加大视高（图2-4-11）。两点透视一般以其中一个面为主，另一个面为辅，因此灭点V_1的位置要离真高线远些，V_2的位置要近些，如图2-4-10所示。如果V_1、V_2之间的间距较小，说明视距近；反之则视距较远。为了不使效果图失真，宜将V_1、V_2的距离相对拉远点，即站远点看建筑。连出AV_1、BV_1、AV_2、BV_2消失线后，可以按照开间的高宽比，估出透视中开间的尺寸CB，从而绘出开间的另一边CD。这一步非常重要，如果估错了，其它开间累计起来，透视感觉会失真。找出真高线的中点E，从而求出将CD的中点E_1，将B、E_1相连并延长，与AV_1相交于D_1点，即可求出第二开间。依次可以求出所有开间。次立面同样可以按上述方法求出。

建筑的大体轮廓求出后，细部可以在制图原理的基础上凭空间感觉徒手勾勒。

② 添置配景，配景包括近景的道路或硬质铺地、植物、人物，中景的树木、其它建筑轮廓线、人物、植物，远景的树和天空。配景主要起到衬托建筑的作用，在色彩和轮廓上都不宜过分强调，尽量采用简洁明快的线条去勾勒。如近景树主要表现树干和部分枝叶，可用颜色深浅来表达树干上斑驳的影子，如有根部则可用草丛、灌木或石头遮挡；中景树采用灌木丛，高度比屋顶稍低一点即可，用自由的波浪形轮廓来表达，并可在下部增添树干和树枝。远景树轮廓线应更为简洁平滑，注意高低起伏。人物一般位于主入口附近，注意人的头部高度应在视平线处，人体躯干的比例应恰当，头部只需深色笔点上一点。天空可用简单的曲线表示，或者用水彩（或水溶性彩铅）的湿画法予以自然的、淡淡的蓝色。

③ 将所有图形用0.2针管笔描出，不用区分粗细等级。可用钢笔线条进一步刻画材料质感及细部设计，如用横纹表达木质，竖纹表达瓦，方格表达块材墙面，交错的块体表达砖和石材等。

④ 画建筑阴影。首先要注意阴和影是两个不同的东西，阴指背光面，影是形体挡住光线后落在另一物体或地面上的影子。选择建筑一面受光、一面背光的光影关系时，可强调建筑的体积感，阴影关系简单易

于分析和表现；选择建筑两面受光的光影关系时，阴面面积少，节省绘图时间，但光影关系复杂，不易准确分析表达。

影子应是整个图中颜色最深的，绘制的时候按照近深远浅的规则，以表达空间的素描关系。建筑的影子可用钢笔线条排线的方法绘出，注意排线一般不要用竖线排，一是短线画不快，二是收头不齐不好看，用横线排更方便快捷；也可用深色马克笔来表现。影子中门窗的窗框涂黑来反衬影子中的玻璃透光。

阴面面积过小就留白，比如窗口的过梁底面。若面积很大，如挑檐、雨篷的底面表示时，要比影子淡，且近深远浅，否则会跟影子混在一起。

⑤ 为了更好地突出建筑形象，涂色以建筑涂色为主，配景涂色为辅。建筑涂色以涂虚（玻璃）为主，涂实为辅，色彩应避免重彩满涂，以防色彩太跳而削弱建筑形象。涂色时应结合远近的素描明暗关系和色彩变化，适当留白，由此衬托出建筑的立体感层次分明（图2-4-12）。

（2）鸟瞰效果图的步骤

① 正确求好建筑物的鸟瞰图。首先将基地放在鸟瞰地面上，使得C角的角度大约为90度左右（图2-4-13），另外两两相对的基地边线交汇到的两个灭点应处在同一条视平线上。可一个灭点取到图板最外边一点，一个灭点取到图纸内，否则灭点超出图板以外，只能估计。然后把总平面放到鸟瞰基地上。注意鸟瞰平面的各线条都要向各自的灭点消失，如果违反了这个规律，求出来的鸟瞰图就会变形。将平面各个角点升起，高度是根据设计中墙体的高宽比和鸟瞰平面中的墙体的长度估出来的。完成大体轮廓后再将立面细化。注意不要忘记画出女儿墙。鸟瞰图的垂直立面面积较少，线脚、材质等立面细部可以不必画地过细，屋顶面积相对较大，可采用排线或打格子的方法铺面，或者在上色时用浅灰色抹几笔，注意退晕变化，有深浅色的过渡。

② 配景树木的画法应根据建筑场景的大小而定。表现大片规划时，建筑物的体型小，配景树也不能画大，一般采用较简单的球形树；表现单个建筑物或者一组建筑群体时，可多层次地画上树冠作为背景。

③ 鸟瞰图表现的重点在建筑组合或群体的关系以及周边的环境规划，因此一般将建筑留白，用灰色调渐变笔触渲染出建筑的背光面，从而体现建筑的立体感。道路地面和草坪的渲染应根据近暖远冷的变化来表现，如草地的颜色可以是由灰绿色到暖绿色的过渡，而树和灌木的颜色可相对亮一点，甚至可用对比色少量地点缀。

④ 基地范围内的地面和配景重点涂色，而基地外的内容则留白（图2-4-14）。

步骤1

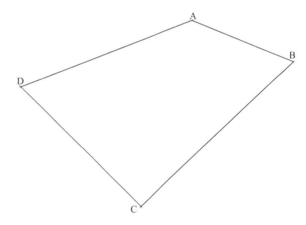

步骤2

■ 图2-4-12　透视水彩表现

■ 图2-4-13　鸟瞰地面

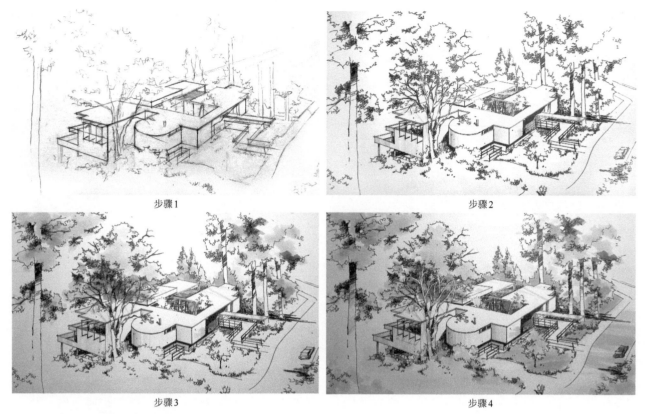

步骤1　　　　　　　　　　　　　　　　　　　　步骤2

步骤3　　　　　　　　　　　　　　　　　　　　步骤4

■ 图2-4-14　鸟瞰马克笔表现

2.4.3.6　分析图与说明

简单的分析图可以清晰地展示设计方案的生成构想，主要可以从体块、空间、流线、环境等方面去分析，以展示建筑设计的科学合理性及创造性。在图面比较松散的情况下，分析图也是充实和完善图面的一个好办法。

说明是用文字来体现设计者的设计理念，应简明扼要、重点突出。说明应包括经济技术指标，即基地面积，总建筑面积，容积率（等于总建筑面积除以基地面积）和绿化率等。

◆ 2.4.4　建筑室内环境设计快速表达

建筑室内环境由地面、天花和墙面所构成，其快速设计主要以平面图、顶棚平面图、立面图和透视效果图的表现为主，无论用何种形式来表现，都可以说是设计者的构想图，它集中体现了设计师的设计构思、创意、表达，也可以说是一种形象说明。注意具体的制图要求应符合《房屋建筑室内装饰装修设计制图标准》的相关规定。

2.4.4.1　平面图

室内平面图的快速表达就是用手绘的方法绘制平面布置图，为其上色，使设计方案的表现更加直观、生动。室内平面图包括地面、墙体、家具、植物、装饰物等内容。首先，要求平面设计方案的表达要灵活、生动、直观，能够更加清楚地阐述设计内容；图线、比例、标注、索引符号等都要按标准绘制；其中平、剖面图中被剖切的主要建筑构造和装饰装修构造的轮廓线用粗实线，平面图、剖立面图中被剖切轮廓线外的可见物体的轮廓线用中实线，图形和图例的填充线、尺寸线、尺寸界线、索引符号、引出线、标高符号用细实线。其次，形体要表达准确，线条要流畅有力，通常墙体用粗实线，家具用中实线，地面铺装及装饰等用细实线来绘制。草图可徒手勾绘，快速设计表达时平面如果较大可用尺子画，并通过线条和色彩表现出材料的质感，画面整体效果色彩要统一。室内设计平面图常用比例为1：200、1：150、1：100或1：50，比例宜注写在图名的右侧或右侧下方，字的基准线应取平。比例的字高宜比图名的字高小一号或二号（图2-4-15）；也可根据实际情况自选比例。在平面图上使用索引符号，把室内立面在平面上的位置及立面图所在图纸编号标示出来，如图2-4-16所示。总之，室内平面图上设计内容要交代地完整、详细和清晰。

平面图在快速表现上常用的方法是用马克笔和彩色铅笔上色；上色时，可以只用其中一种，也可以两种结合使用，主要根据需要或作画习惯而定。表现时要保留设计方案中不同材料的固有色彩而不是想当然地去选颜色，要做到结合形体用笔，有根据地选择颜色。由于快速表现强调速度，在绘制过程中要求一气呵成，一般不做重复地加工和修改，着色应准确，下笔要肯定。

在平面上要想把材质表现得既真实又美观比较困难，所以在上色时要特别注意马克笔颜色的选择和笔触的处理，在需要的地方还应用彩铅来进行补充。地面的花纹、颜色、光照（阴影和颜色应逐渐变化）纹理、反射、图案、高光等都应有所交代。例如地砖的材质表现可使用灰色、浅黄色等马克笔绘制底色（局部绘制，不可全部铺满），按辅助线方向填色。高光倒影部分可留白也可加白上色，用深棕色为桌子和椅子下方的阴影上色，最后可用彩铅再加入环境色彩，并调整整个平面的颜色（图2-4-17）。

2.4.4.2 立面

室内立面图主要体现墙体的装饰布置形式与用材、用色情况，以及墙面与顶面、地面之间的关系，通常采用正投影法，将室内垂直界面中投影方向的物体及垂直界面上的物象表现出来。在快速表达时应该用简洁、概括的线条和色彩进行绘制。从结构表现方面来说，要能够准确、充分地表现出设计内容，并按照制图规范绘制立面线图，投影关系要正确（图2-4-18）。通常室内装饰装修立面图外轮廓线用粗实线，剖立面图中被剖切轮廓线外的可见物体轮廓线用中实线，装饰物及材料纹理等用细实线绘制。

通常不复杂的立面常用比例为1：100～1：50；较复杂的立面常用的比例为1：50～1：30；而复杂的立面常用比例为1：30～1：10。在特殊情况下可自选比例，在同一图纸中由于表达内容不同，其比例也会有所不同。立面索引符号由圆、水平直径组成，圆及水平直径应以细实线绘制。根据图面比例圆圈直径可选择8～12mm。圆圈内注明编号及索引图所在页码。立面索引符号应附以三角形箭头代表投视方向，三角形方向随投视方向而变，但圆中水平直线、数字及字母（垂直）的方向不变，如图2-4-19（a）所示。在立面图中常用引出线来表示材料、细节及工艺，通常引出线有两种绘制方法，一种是引出线起止符号用圆点绘制，另一种是用箭头绘制，如图2-4-19（b）所示。起止符号的大小应与本图样尺寸的比例相协调。如立面很长或者所要表达内容重复不用画全时可用立面断开符号折断线来表示，如图2-4-19(c)。在快速表达时，引出线和折断线画时可随意些，可以是弧线或曲线。

在绘制好立面线稿以后，可进行着色。先为墙体上色，确定整体色调，注意色彩冷暖关系；然后为家具上色，注意

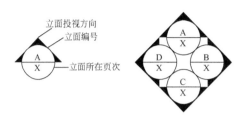

平面图 1：50　　平面图 1：50

平面图　　　平面图
1：50　　　scale 1：50

■ 图2-4-15　比例的注写

立面投视方向
立面编号
立面所在页次

立面投视方向
立面编号

■ 图2-4-16　立面索引符号

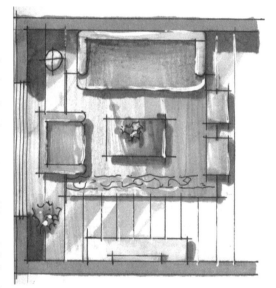

■ 图2-4-17　室内平面表现

■ 图2-4-18　室内立面表现

(a)索引符号　　(b)引出线起止符号　　(c)折断线

■ 图2-4-19　立面图示符号

色彩要统一，层次要丰富并深入刻画墙体；最后为装饰品上色，并注意细节，如窗帘用浅灰色绘褶皱，再绘点状图案，并在墙面上绘制阴影等。

立面图的快速表达时，线稿不可过度生硬，上色的过程中，如果颜色覆盖住了重要的线条，可以在上色的同时再添加墨线，以起强调的作用。快题考试时，为节省时间，最好先上马克笔再上墨线。最后调整整幅画面关系，做到整体色调和形式统一，局部细节有变化。

2.4.4.3　顶面图

顶面图通常采用镜像投影的方法进行绘制，即顶面的吊顶造型形式、色彩、结构、材质、灯具样式等在镜面上的投影后所得的水平界面上的物象，注意省去平面图中门的符号，用细实线连接门洞以表明位置。墙体立面的洞、龛在顶棚平面中可用细虚线连接表明其位置。

顶面图应表现天花吊顶和材料的使用情况，通常用直线表现墙线、阳角线、石膏吊顶的轮廓线等，用

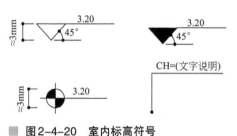

■ 图2-4-20　室内标高符号

交织的线去表现各种织物材质。在用线表现的过程中应注意将不同类型的线相结合，比如曲线造型顶面与墙面的结合。顶面图中应把不同吊顶的高度标示出来，以建立顶面的层次关系。建筑室内设计中，一般应标注该设计空间的相对标高，标高符号可采用直角等腰三角形表示，也可采用涂黑的三角形或90°对顶角的圆，标注顶棚标高时亦可采用CH符号表示（图2-4-20）。平面图、顶棚平面图及其详图的标高应标注装饰装修完成面的标高（图2-4-21）。

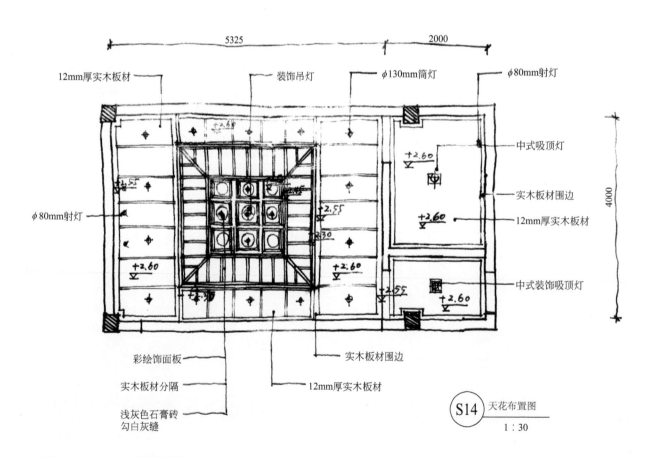

■ 图2-4-21　室内顶面图表现

顶面所用材料应表示清楚，可根据不同的材料和颜色进行绘制，要求图面表达准确、完整，线条要流畅，材料、色彩与室内整体色调相协调，不能画太满，要概括表达，注意留白及高光部分的处理。

灯具的类型在顶平面图中应有所表示，同时绘制灯具配置图加以说明（表2-4-1）。

表2-4-1　常用灯光照明图例

序　号	名　称	图　例	序　号	名　称	图　例
1	艺术吊灯		10	台灯	
2	吸顶灯		11	落地灯	
3	筒灯		12	水下灯	
4	射灯		13	踏步灯	
5	轨道射灯		14	荧光灯	
6	格栅射灯		15	投光灯	
7	灯盘		16	泛光灯	
8	暗灯槽		17	聚光灯	
9	壁灯				

2.4.4.4　家具陈设

家具陈设是营造空间气氛的重要元素。家具陈设的表现透视比例要准确，从整体入手，用简洁、概括的手法画出它们的"形象特征"，同时注意室内陈设的造型应灵活多变；陈设与整个画面的关系虚实有度。在整幅画面大色彩关系统一的前提下，陈设品往往选用高明度、高纯度的色彩来丰富画面，并作为画面的点睛之处（图2-4-22）。

■ 图2-4-22　室内家具陈设表现

步骤1

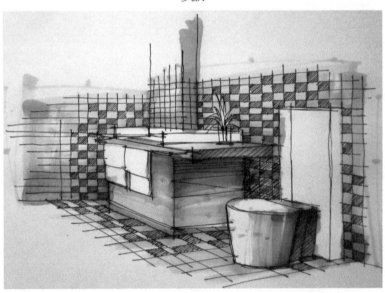

步骤2

步骤3

■ 图2-4-23 室内透视表现

对于室内陈设切勿死记硬背地去画，因为它们来自于设计中，要能"举一反三"，并能够灵活地运用造型去表现。家具陈设快速表达时要注意室内空间的大色彩关系，着重表现物体的"自身"特性，在细部刻画上可从单个物体入手，注重物体的固有色、质感，用色也是力图表现实际物体的色彩特征和质感特征，之后再将这些物体和空间环境进行适度地调和，并与环境产生联系。

2.4.4.5 建筑室内透视图

绘制室内透视图首先要对表现的内容充分了解，理解空间结构关系以及设计要求。其次再根据表现的重点不同，选择合适的透视方法和角度。可用徒手线条进行绘制——徒手表现是设计师同自己的一种对话，也是演绎创意的手段，其目的在于寻找一种载体，使纸上的图形最终成为现实生活中的实体。徒手线因为快速随意不像工具线那样平滑、工整、硬朗，线条可能会有些抖动，线条相交时可以出头，这样效果就显得比较生动自然。徒手绘图最大价值在于设计的构思过程和原创精神。室内透视图选取适当的透视角度，可用一点透视，视点居中、均等表现；也可用两点透视偏右或偏左表现对立的墙面；如果天花有特色还可以降低视点来表现天花和部分墙体。室内透视快速表达一般分以下几个步骤（图2-4-23）：

① 透视线稿　包括透视构图、造型塑造、线条表达和组织等方面，特别注意空间长宽尺度的比例，确定陈设的摆放位置后，再画出天花、墙面上的灯饰与装饰。线稿绘制不要求非常充分，但应有大体的设计内容和线的软硬、粗细、松紧等变化，做到透视严谨、层次丰富、质感细腻、真实。注意画面要有重点和体块之间的对比、主次的区别和过渡。

② 定调　上色不仅是排笔触，更重要的是色彩搭配，重点在于如何将

色彩和线条结合起来表现材质质感和空间氛围。表现的主要精力应放在视觉中心处，前景和配景则要有所取舍，并注意画面的统一。上色时可按先整体后局部的顺序进行着色，也可从局部到整体。可先画重色或次重色，也可反向而为之，先浅后深，不管哪种方法最终要求画面有虚实、远近、体量、质感以及色彩和造型、构图的呼应关系。

③ 画浅色和中间色　在画浅色和中间色调时，马克笔着色要求选色要准，排线要有规律避免杂乱无章及线条重叠和纵横交错。用笔要灵活，笔触可以放开些，不要太拘谨，着色时可顺应纹理方向走，符合光影关系。把握住透视效果图的整体色调，并要处理好整体"黑、白、灰"之间的关系。用色不易太多，避免图面花哨，需要强调的细节可重点刻画，而陪衬和需要忽略的部分可画的再少一些，做到主次分明。不要求面面俱到，只求恰到好处，局部点到为止。

④ 材质色　在材质上色时，可根据具体情况和需要反映的虚实关系来进行画面处理。如用马克笔上色时，要画出主要物体材质的固有色、明暗关系以及反射效果。

⑤ 加深层次，刻画质感　进一步用马克笔和彩铅进行色彩调整，细部刻画，加深层次关系，并注意局部高光部分或灯光处的提亮，最后进行画面的总体调整。

综上所述，室内设计效果图的表现要求具有一定的室内设计知识，在充分理解室内设计构思和设计方法后，才能着手进行；同时室内设计效果图的表现还应严格符合装饰结构风格的协调性、空间形体的严密性和尺度比例的准确性（图2-4-24）。

■ 图2-4-24　室内透视效果图

◆ 2.4.5 建筑室外环境设计快速表达

2.4.5.1 平面图

室外环境设计的平面图是对一定区域内景观设计平面布置的反映，一般在图纸上占得面积最大，位置也最为重要。在平面图绘制中，要注意线条的变化、线型的等级，自然流畅的线条和富有弹性的笔触能够使画面层次更加丰富漂亮（图2-4-25）。

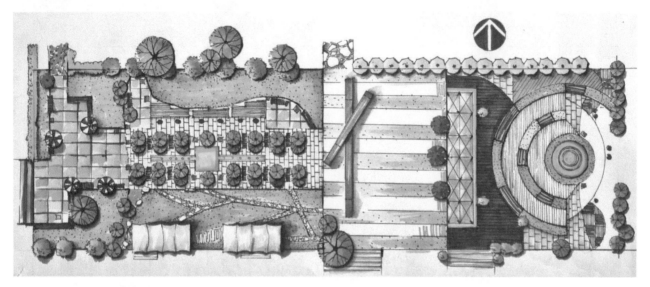

■ **图2-4-25　平面彩图的表达**

绘制平面图首先应掌握各种景观元素的制图符号，根据自身需求选用美观、简洁、便于绘制的图例。

（1）地形

景观设计中常用等高线来表示地形的高低（图2-4-26），等高线表示的基本原则有：

① 原地形等高线用虚线表示，改造后的地形等高线在平面上用实线表示，土地表面所出现的任何变动或改造都是"地形改造"。

② 所有等高线都是各自闭合的曲线。

③ 等高线决不能交叉，每一条等高线其一侧是较高点，另一侧是较低点。

④ 凸状地形在平面上由同轴、闭合的中心最高数值等高线表示。凹状地形在平面上由同轴、闭合的中心最低数值等高线表示；其中最低数值等高线的绘制，常用短小的蓑状线表示（图2-4-27）。

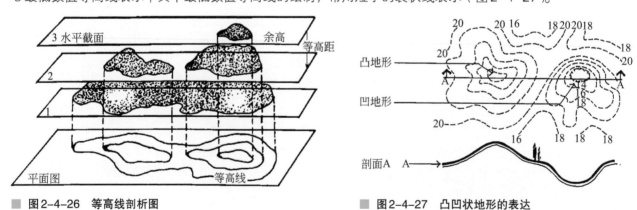

■ **图2-4-26　等高线剖析图**　　　　　　　　　■ **图2-4-27　凸凹状地形的表达**

（2）园建

在大比例的总图中，一般用中实线绘制建筑的屋顶平面；在小比例的详图中，凉亭、花架等构筑物，可一半画建筑平面图，一半画屋顶平面图（图2-4-28）。

（3）铺装

以细实线绘制，快速设计时应根据图纸比例和时间安排决定是否对铺装图案深入绘制。

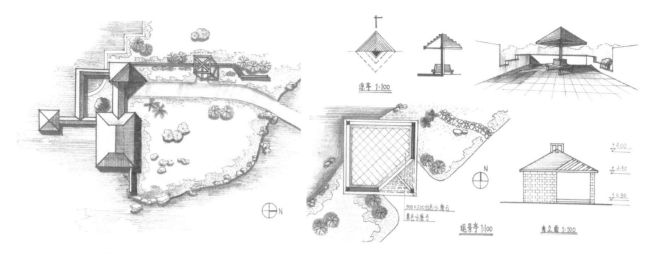

■ 图2-4-28 园建

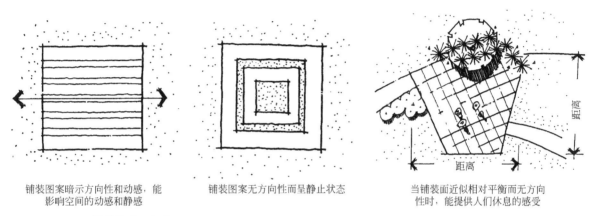

铺装图案暗示方向性和动感，能
影响空间的动感和静感

铺装图案无方向性而呈静止状态

当铺装面近似相对平衡而无方向
性时，能提供人们休息的感受

■ 图2-4-29 铺装的暗示语言

① 铺装材料可以暗示一定的方向（图2-4-29）。

② 铺装绘制的大小和比例影响着室外空间的尺度关系。

③ 在设计中应以一种铺装为主，切勿色彩、图案过多，否则画面易显复杂和凌乱。

④ 在平面绘制中，当两种形式差异较大的铺装材料靠在一起时，应注意绘制第三种铺装形式来进行协调过渡。

⑤ 在平面绘制中，当两种形式差异较大的铺装材料靠在一起而没有第三种材质过渡的话，应注意将一种铺装的形状和线条延伸到相邻的铺装材料中（图2-4-30）。

⑥ 铺装常用的材料和形式

a. 石板 形式多样，适用于直线或不规则形状（图2-4-31）。

b. 加工石 适用面较广，可灵活运用于各种场所中（图2-4-32）。

c. 预置混凝土 形状多为圆形、正方形、长方形、三角形等，可以作为铺装与草坪之间的过渡，适用于园林小道或人流量较大的停车场（图2-4-33）。

d. 砖 这种材料适用于直线或折线形状的铺地，或者用于圆弧状图案的铺地中。绘制中时要注意砖铺的线形要与视线垂直，这样有助于视线的扩展（图2-4-34）。

（4）水体

表现水体的简单方法就是加强边界线，用统一色调的背景突出水体。

① 驳岸的画法 水体的驳岸多用于平面图表现，形式有自然式和规则式两种，前者应多学习和借鉴中国古代园林中自然式水体的平面表现，后者则要多考虑水体大小、比例和形态的表现是否与周边的景观元素相适应。

② 水面的画法 水面多用平面图和透视图表现。两者水面的画法相似，为了表达深远的空间感，对于

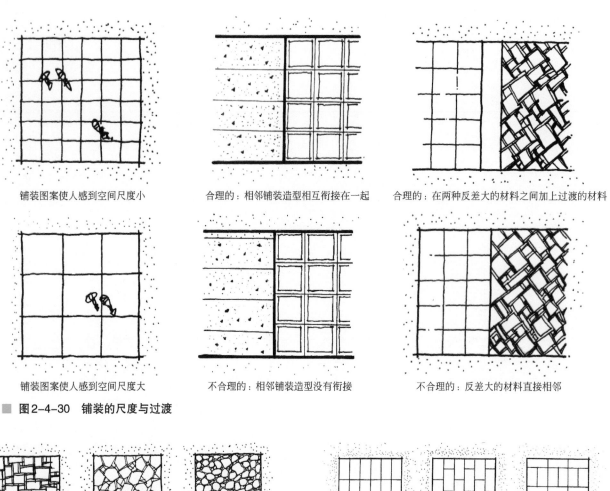

铺装图案使人感到空间尺度小　　　合理的：相邻铺装造型相互衔接在一起　　合理的：在两种反差大的材料之间加上过渡的材料

铺装图案使人感到空间尺度大　　　不合理的：相邻铺装造型没有衔接　　　　不合理的：反差大的材料直接相邻

■ 图2-4-30　铺装的尺度与过渡

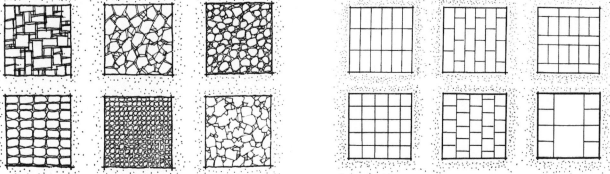

■ 图2-4-31　石材形成的铺装图案　　　　　　　　■ 图2-4-32　加工石形成的铺装图案

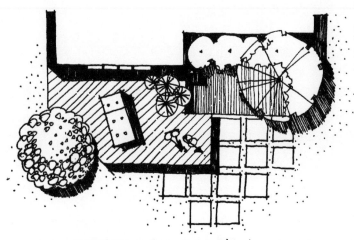

预制混凝土在草坪上浇注过痕性的, 旋转的形状.

■ 图2-4-33　预置混凝土铺装

不会理：标准砖在铺设自然式砌状
铺地时须进行加工.

会理的：标准砖适合于铺设
规则的砌状

符合透水，砖铺的线型与视线垂直.

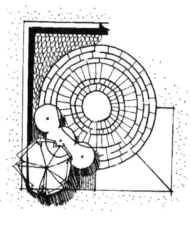 

■ 图2-4-34　砖形成的铺装图案

较近的水体应绘制的浓密，越远的则越稀疏。

　　静态水体可采用线条法、等深线法、平涂法和添景物法。

　　① 线条法　用工具或徒手排列的平行线条表示水面的方法（图2-4-35）。

　　② 平涂法　用水彩或墨水平涂表示水面的方法。

　　③ 添景物法　是利用与水面有关的一些内容表示水面的一种方法。

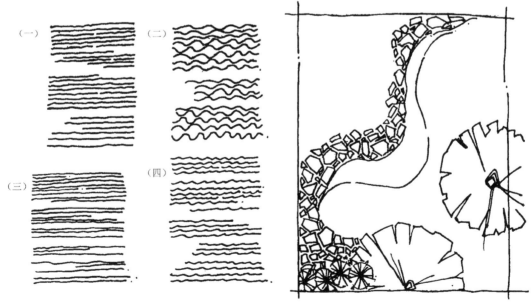

（一）　　（二）

（三）　　（四）

■ 图2-4-35　线条法表达水体

④ 等深线法　在靠近岸线的水面中，根据岸线的轮廓做二三根曲线，有点类似等高线的闭合曲线的方法（图2-4-36）。

动态水体可采用线条法、留白法和光影法等（图2-4-37）。

■ 图2-4-36　等深线法表达水体　　　　　　　　　　　　■ 图2-4-37　动水表达

（5）山石

山石的平、立面及透视的画法（图2-4-38）：

① 根据山石形状特点，用细实线绘制其几何体形状；

② 根据不同山石材料的质地，用细实线画出石块面、纹理等细部特征；

③ 根据山石的形状特点、阴阳背向、依次描深各线条，其中外轮廓线用粗实线，石块面、纹理线用细实线绘制。

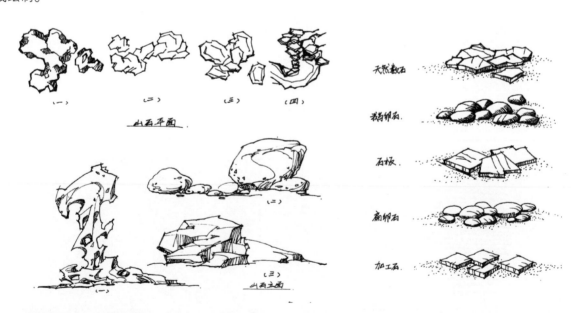

■ 图2-4-38　山石的表达

（6）树木

设计作图中植物的平立面尺寸不能和实际的尺寸相差太多，因为植物的尺寸往往成为判断场地大小的标尺，植物的图例则需根据植物的形态和颜色加以区分（图2-4-39）。

一般大型的乔木高可以超过12m，小型乔木高度在4~6m左右，灌木一般在3m以下，不会超过6m，中型乔木的直径在5m左右。植物的形态有纺锤形、圆柱形、球形、锥形、垂枝形和特殊型等（图2-4-40）。

透视图中植物配置的表现应注意根据场景大小而详略得当，当场景尺度较大时，就没有必要表示出绿

香樟	樱花	桂花	月季	鹅掌秋
广玉兰	白玉兰	五针松	火棘	葱兰
龙爪槐	冷杉	木槿	红花继木	常绿草

■ 图2-4-39　植物平面表达

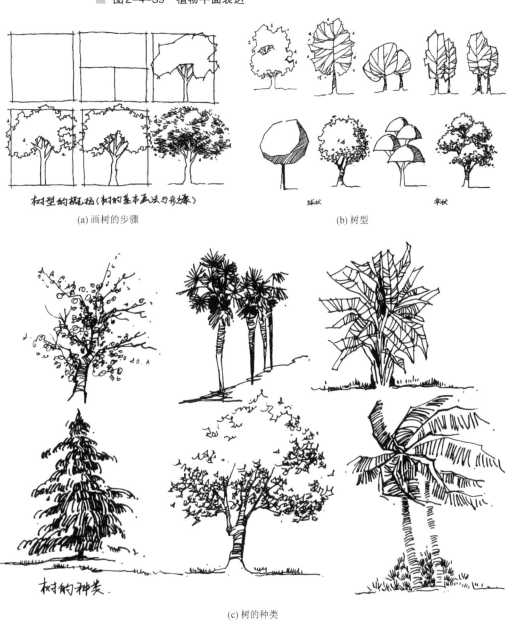

(a) 画树的步骤

(b) 树型

(c) 树的种类

■ 图2-4-40　植物立面表现

化的细节，只需要用形态示意出草地、灌木和乔木的层次，并在一些重要节点处利用色彩和形态刻画出具体的种植物；当场地尺度较小或者场地以植物种植为主要造型设计时，就需要进行细节的刻画，包括植物的不同类型，如观花、观叶和观形的植物需要用色彩和特定的画法表示出来（图2-4-41）。同时，植物的近景、中景和远景刻画地细致程度应有所区别。

■ 图2-4-41　植物的表现层次

2.4.5.2　立面与剖面图

在平面图中，仅通过简单的符号及阴影来表现景观元素的细节关系往往不能具体说明其空间设计的内容，通过剖立面图就可以体现出景观的竖向空间关系，并能够具体表现剖切位置的景观元素的细节设计。景观剖立面图主要是将地形、建筑、植物、环境设施等景观设计内容的空间关系表达出来，以显现出设计形态层次上的变化。注意以下几点：

①　剖面图要与平面图上剖切线位置的设计内容相吻合。

②　在剖立面图的表现中，至少要有三个以上的线型，立面图上的地面线、剖面图上的剖面线一定要加粗。

③　树木的绘制要能够体现基本树形及四季色相的差别，注意不同树种的搭配、色彩及虚实变化。

④　水面的表达中要用水位线标出水池的深度。

⑤　空间关系应表达清楚，反映出高差变化（图2-4-42）。

⑥　立面图中可对不同的材料用不同纹理进行区分填充，同时可对材料直接标示名称（图2-4-43）。

■ 图2-4-42　某景观设计剖立面图

■ 图2-4-43 某景观设计立面图

2.4.5.3 景观透视图

为了能够更加直观地表达设计意图，除了要求绘制平面图、剖立面图外，最重要的就是透视效果图的表现。在绘制景观透视图时，首先应根据设计要求选择透视表现的范围、角度、内容和形式，小空间范围表现一般采取人视，视高控制在1.5～1.7m，以免画面失真（图2-4-44）；如需表现较大场景时，应使用鸟瞰，注意建筑及环境的表现均为俯视，不要产生矛盾（图2-4-45）。

■ 图2-4-44 南京郑和公园规划设计

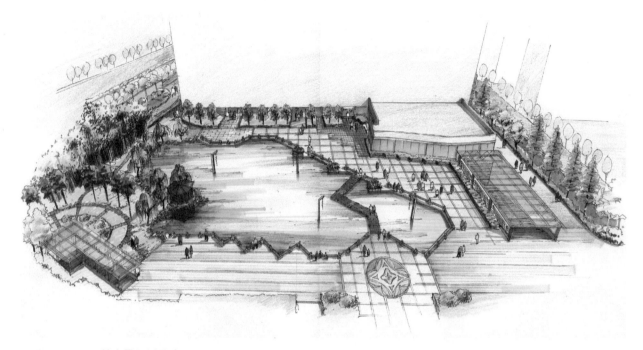

■ 图2-4-45 某水景规划设计

如果是快题考试，建议透视图不要画太大（图2-4-46），避免受时间限制造成画面空洞呆板。

室外环境透视表现中应掌握一些常用的配景表示方法，如人物、汽车、天空、飞鸟等，在一幅构架完整的效果图中，配景可以使画面更加生动，并且有助于衡量空间的设计尺度。处理景观透视图画面的层次

■ 图2-4-46 滨水景观规划设计

非常重要，一般要分出前景、中景和远景。前景可以用植物、人、车和地面压住画面（图2-4-47），中景表现设计的主体，细节要丰富，远景则可以处理得淡而灰，甚至虚掉。当然，画面的层次应注意主次关系，相应的配景参照物不是随意地添加，要考虑到构图和色彩关系，内容进行相应提炼和取舍以烘托主题。

■ 图2-4-47 某架空层建筑景观设计

●教学目标：通过本节学习，使学生了解并学会建筑及其室内外环境快速设计表现中色彩搭配、图纸构图原则以及图纸表现的程序和方法。
●教学手段：主要用图片说明的方式来进行，并通过一定的实例分析加深理解。
●重点：摸索出适合自己的快速表现形式。
●能力培养：通过本节教学，培养学生积累应试需要的快速设计的表现能力。
●作业内容：临摹优秀快题设计作业，并尝试对该作业进行设计分析，总结其表现方法。

　　图纸表达是设计者的语言，一个优秀的设计师内涵和表达应该是统一的，学生应在平时课程设计中多分析、多练习才能在快速设计中上手迅速，正确、完整，又有表现力地表达出设计构思和意图。

第3章 快题设计案例评析

3.1 小型餐厅快题设计

◆ 3.1.1 任务书

1. 设计背景

今拟在某繁华商业街夹缝地段加建一高档咖啡厅，建筑为两层，总建筑面积不超过450m²，设160～180个座位。地段周围建筑为2～3层，咖啡厅与毗邻建筑交接处均不能开窗。门前可适当退让布置绿地或室外咖啡座。

咖啡厅是在正餐之外，以喝咖啡（或饮料）为主，可加简单的食品，供客人交友、约会或休息的场所。在午后及晚间营业，要求室内气氛轻松、环境洁净优雅。所经营食品一般不在本店加工，点心、小食品、冰激凌等外购存入冷柜或食品库，咖啡、压榨鲜果汁及水果沙拉可考虑由本店自行加工。

2. 设计内容

咖啡厅280m²、付货柜台10～15m²、门厅或门斗10m²、客用厕所共12m²、制作间20m²、洗涤消毒12m²、库房12m²、更衣12m²、厕所共6m²、办公管理共24m²。

3. 图纸要求

总平面1：500、平面图1：200、立面图1：200（两个）、剖面图1：200、透视图和必要的设计说明、分析等。

4. 地形图

见图3-1-1。

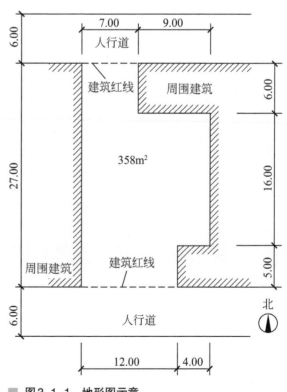

■ 图3-1-1 地形图示意

◆ 3.1.2 案例评析

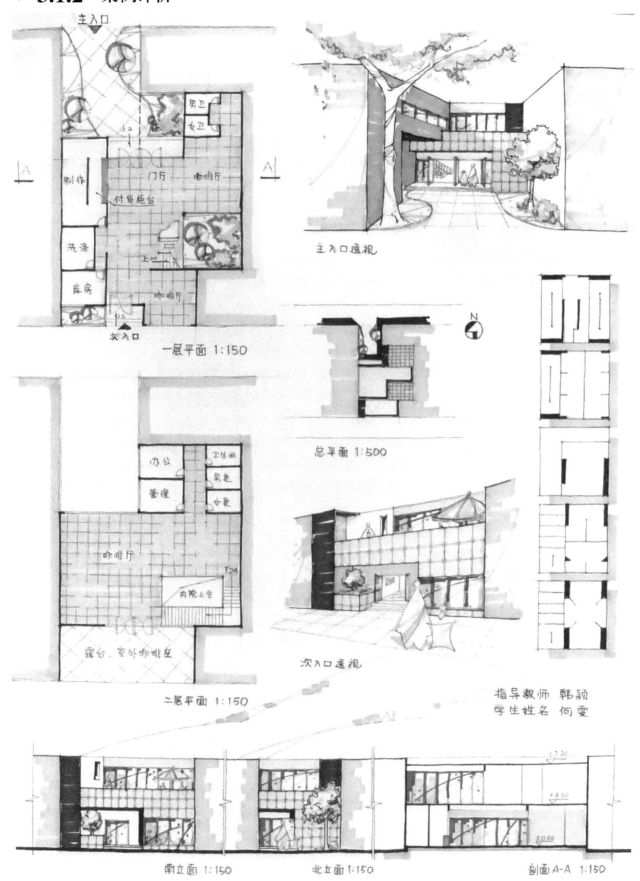

主入口

制作

门厅 咖啡厅

付货柜台

洗涤

庭房

男卫

女卫

次入口

一层平面 1:150

主入口透视

总平面 1:500

办公

管理

卫生间

男更

女更

咖啡厅

内院上空

露台·室外咖啡座

二层平面 1:150

次入口透视

指导教师 韩颖
学生姓名 何雯

南立面 1:150

北立面 1:150

剖面A-A 1:150

■ 图3-1-2 餐厅快题设计1

评语：建筑功能合理，主要办公空间有采光，咖啡厅则通过一个内庭院解决了采光和景观，二楼南向退层做室外餐饮空间，既增大营业面积又丰富建筑形式。图面排版均衡，色调较和谐。

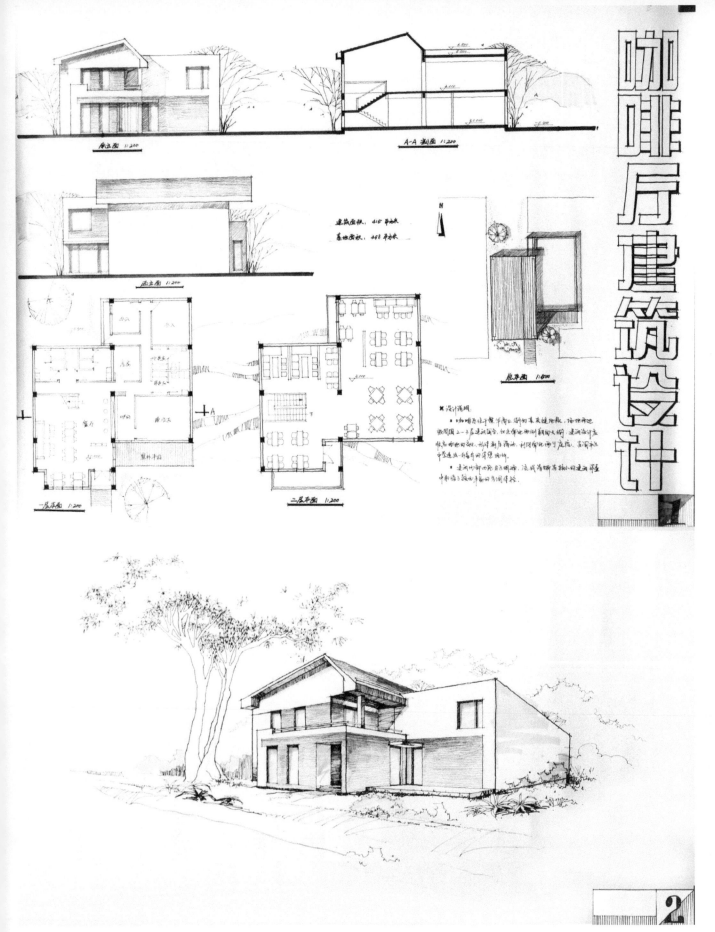

咖啡厅建筑设计

建筑面积：415平方米
基地面积：258平方米

图3-1-3　餐厅快题设计2

　　评语：建筑出入口内外有别，但有间办公设在北面、临原有建筑处，无采光。第2张透视图排板显空，应增加标题和设计说明调节图面效果。效果图未能正确表达建筑与场地环境的关系。

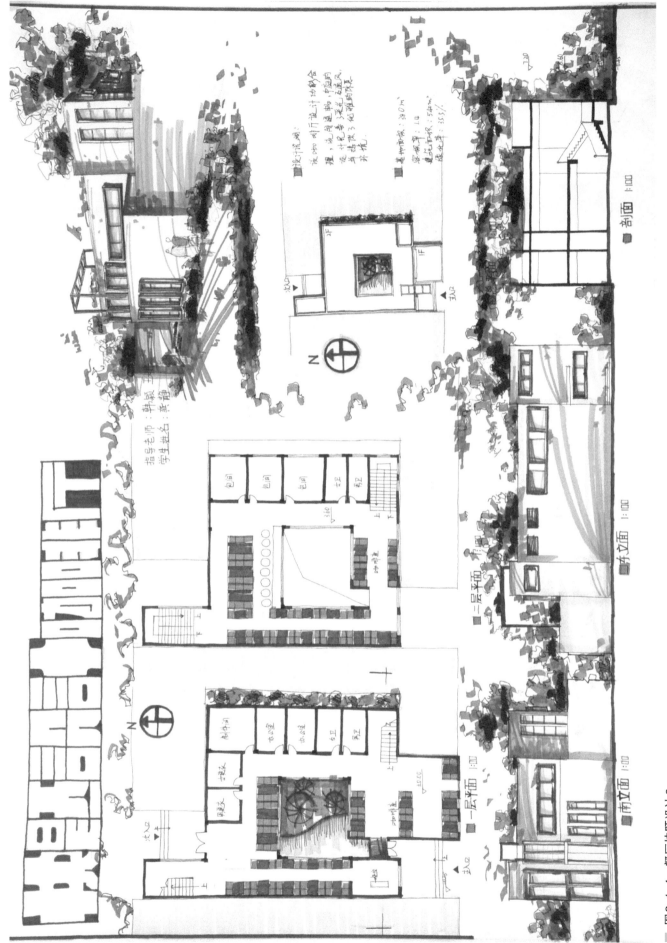

图3-1-4 餐厅快题设计3

评语：设计功能基本符合要求，图面表现有层次形式统一，建筑南立面略封闭，应再开敞些使采光不受限制。另外东侧被原有建筑包围，没有必要退让，应利用庭院采光，把办公和包间的走道放到东侧。

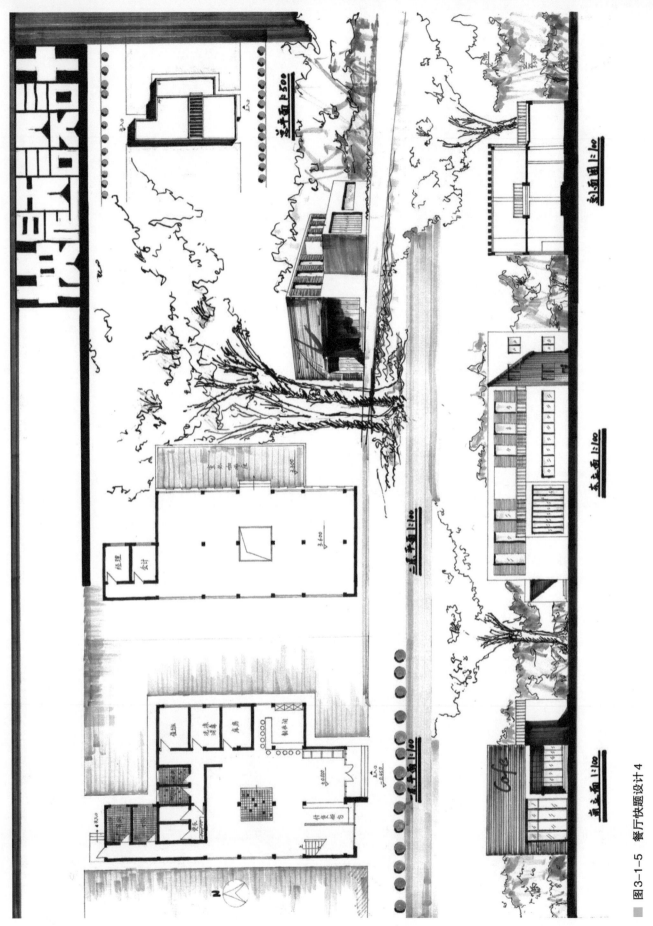

图3-1-5　餐厅快题设计4

　　评语：用地被原有建筑包围，因此一层与原建筑相邻空间开窗不合理！入口通过形体关系对比和材质变化加以强调，符合商业建筑性质。内部小天井景观设计应作为重点强化。图面表达效果较好，排版构图均衡，以灰色铺底，局部用跳跃色彩活跃画面，立面阴影突出了建筑体积感。

◆ 3.2.1 任务书

1. 设计内容

门厅休息厅陈列200m²、多功能厅320m²、储藏12m²、饮料供应12m²、音控12m²、风味餐厅160m²、备餐15m²、厨房54m²、接待90m²、阅览96m²、管理12m²、KTV包房16m²×7、调音管理15m²、办公18m²×3、录像厅96m²、棋牌室90m²、休息厅咖啡座、男女厕所、总建筑面积约1800m²。

2. 图纸要求

总平面1：500、平面图1：200、立面图1：200（两个）、剖面图1：200、透视图和必要的设计说明、分析等。

3. 地形图

见图3-2-1。

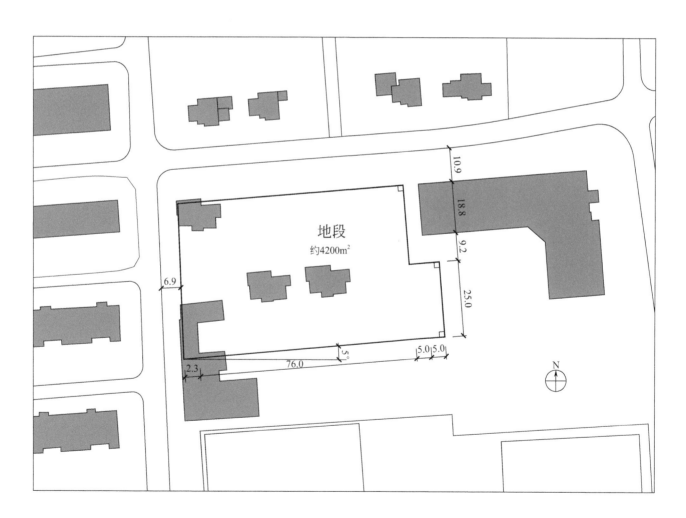

■ 图3-2-1　地形图示意（单位：m）

　　注：图中色块为现状建筑，用地范围内的现状建筑可拆除。

◆ 3.2.2 案例评析

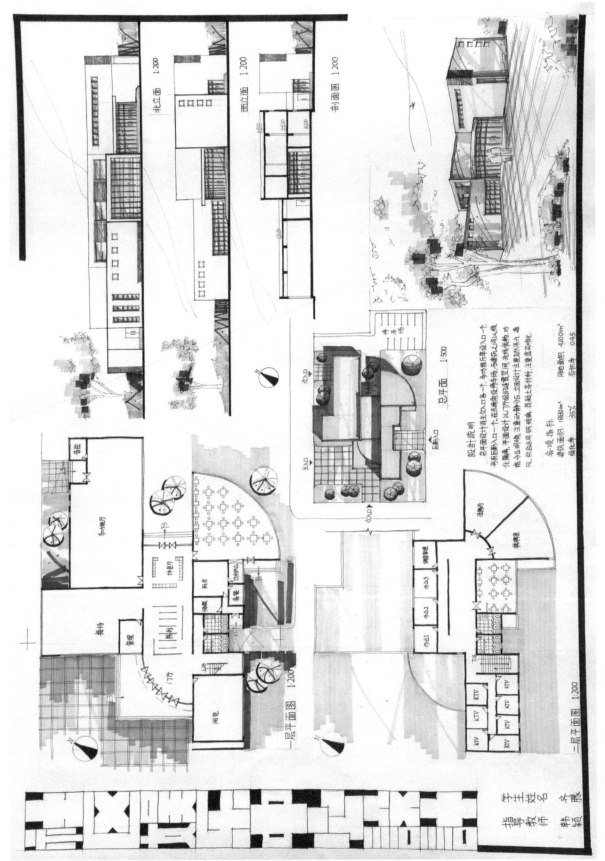

图3-2-2 社区活动中心快题设计1

评语：整个建筑只有一个楼梯间不符合消防要求，应在东侧增加一个楼梯间。多功能厅被出入口和音控分割后形式不完整，应划分出舞台区和座位区，以检验空间形式是否使用方便。总平基地和基地外围道路间的出入口太多；餐厅面对停车场，应考虑好的景观朝向，可把停车放主入口附近。一层平面无剖切符号。

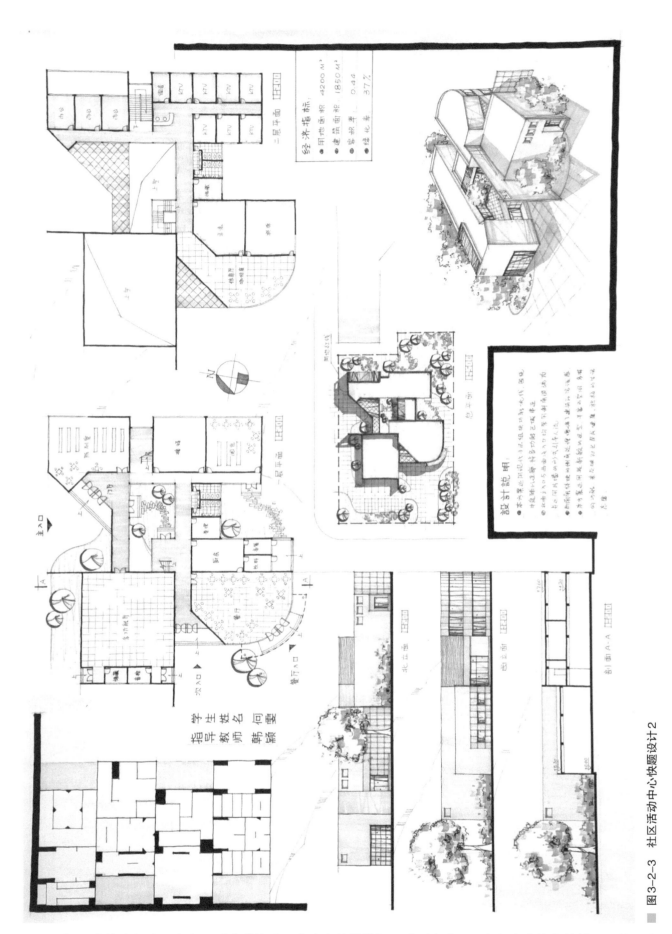

图3-2-3 社区活动中心快题设计2

评语：建筑功能分区合理，形式感较强。庭院内的楼梯间可移到南边，既保留庭院的完整性，又使两个楼梯间不要靠得太近。图面整洁、排版构图均衡，色彩素雅和谐，略缺少些快速设计的感觉。总平建筑入口应增加无障碍坡道。

◆ 3.3.1 任务书

1. 设计内容

12个双床间客房（带卫生间）、公共服务部分：门厅（包括总服务台、门厅休息厅、小卖部）、卫生间、商务中心20m²、管理办公用房20m²×2；餐厅80m²、厨房60m²、室外烧烤自助餐（或茶座）场地一处（可设供应间）；多功能厅（兼舞厅）80m²、卡拉OK 3～4间；健身40m²、桌球40m²、棋牌20m²×2、书刊阅览40m²；总平面考虑停车位置；总建筑面积不超过1500m²。

其它要求：公共部分能对外部游客开放；建筑红线后退5m，层数不多于3层。

2. 图纸要求

总平面1：500、平面图1：200、立面图1：200（两个）、剖面图1：200、透视图和必要的设计说明、分析等。

3. 地形图

见图3-3-1。

■ 图3-3-1 地形图示意（单位：m）

注：图中色块为现状建筑，用地范围内的现状建筑可拆除。

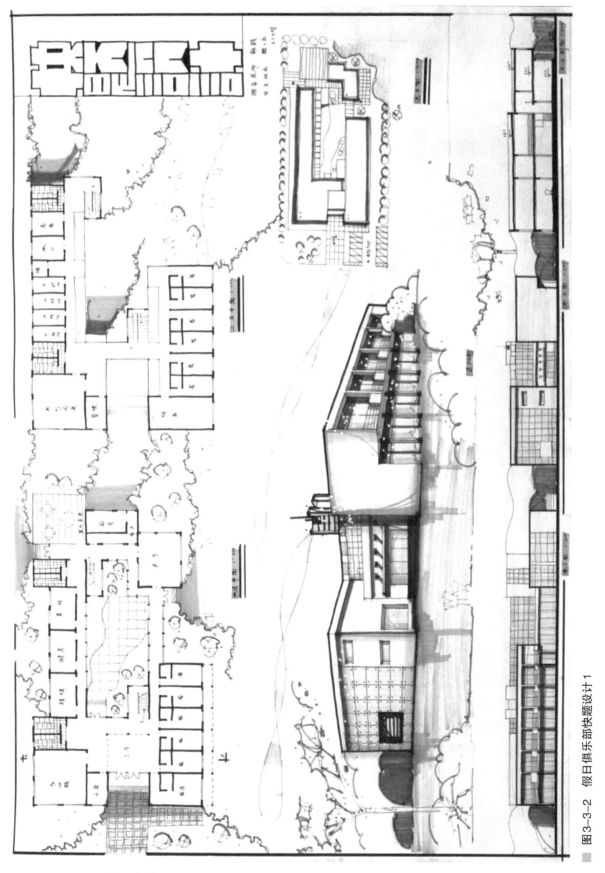

图3-3-2 假日俱乐部快题设计1

评语：总平入口空间考虑了人车分流，注意用地应留有完整的消防通道——东向水面靠建筑太近。建筑功能分区合理，客房朝南，餐厅有好的景观视野，应在庭院内部做一部分水体和东向水面形式衔接并呼应。建筑立面形式规整又有变化，可再活泼些。图面排版均衡，透视占了主要空间予以强调。

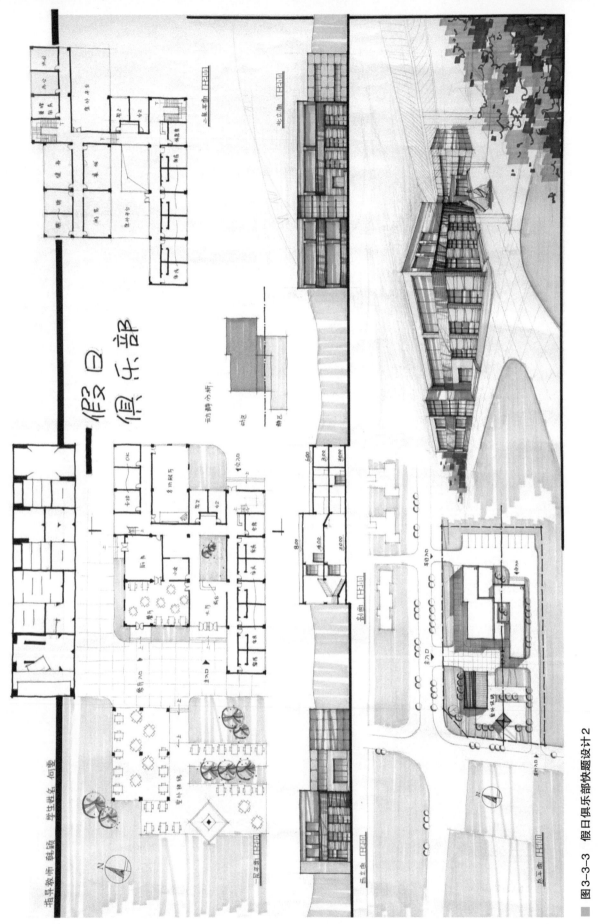

图3-3-3　假日俱乐部快题设计2

评语：设计以动静分区轴线组织空间，总平入口人车分流，并留有完整的消防通道。建筑功能分区合理，客房朝南，但西端缺楼梯间，不符合消防要求！室外广场露天餐饮场地成为室内餐厅空间的补充和延续，庭院空间略显小，应将卫生间向东移，扩大庭院面积。图面排版右上角显轻。

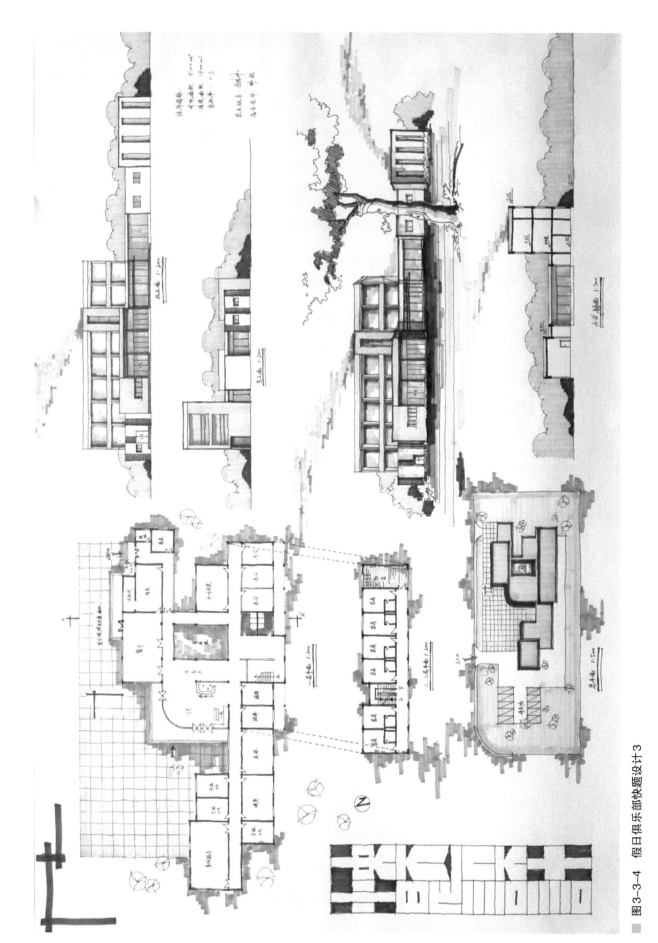

图3-3-4 假日俱乐部快题设计3

评语：总平地形绘制和任务书不完全符合，功能分区基本合理，应注明建筑层数。客房位于办公楼上，内外之间会有干扰。多功能厅应有单独对外出入口。建筑形式错落有致，有虚实对比。图面表达良好，构图均衡，庭院的绿色马克笔色块太跳，和其它部分不协调。

◆ 3.4.1 任务书

1. 设计内容

餐厅180m²、厨房120m²、小卖部30m²、休息180m²、厕所120m²、客房标准间24m²×10、办公24m²×5，其它如门厅、过道、楼梯、室外平台、停车位等根据需要配置，总建筑面积不超过1500m²。

2. 图纸要求

总平面1：500、平面图1：200、立面图1：200（两个）、剖面图1：200、透视图和必要的设计说明、分析等。

3. 地形图

见图3-4-1。

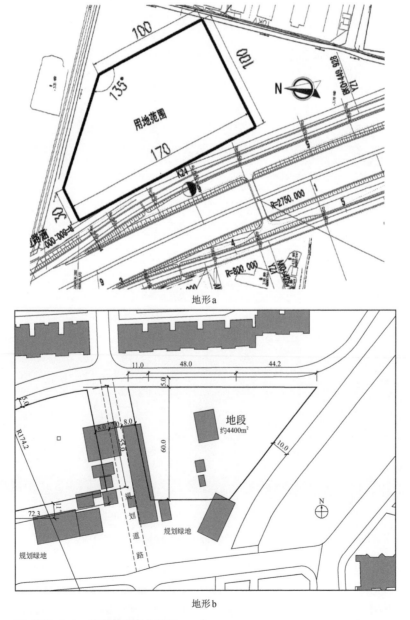

地形a

地形b

■ 图3-4-1 地形图示意（单位：m）

注：图中色块为现状建筑，用地范围内的现状建筑可拆除。

◆ 3.4.2 案例评析

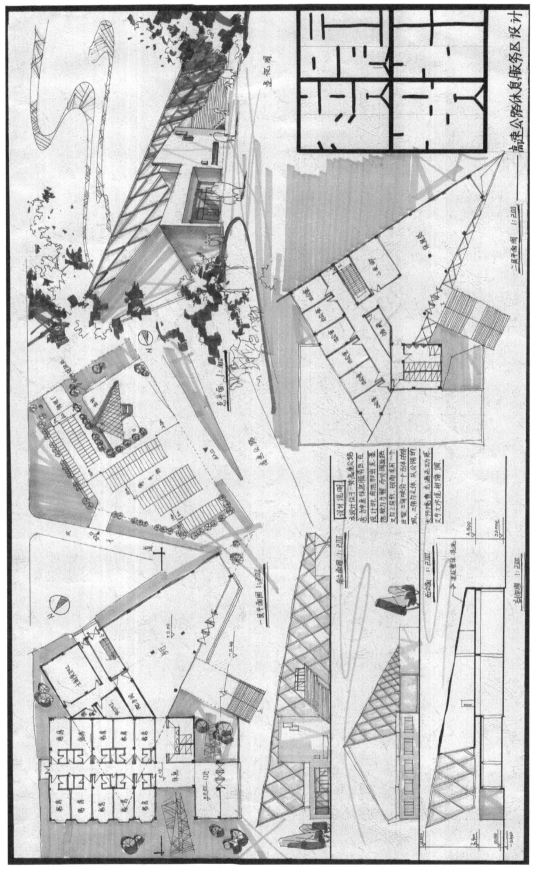

图3-4-2 高速公路休息服务区快题设计1

评语：总平功能分区考虑了大量的停车位，要是再增加些绿化景观会更合理些。一层客房和厨房都有黑房间，应在两者间加个庭院采光。建筑形式感很强，入口突出予以强调，虽然设计的平面形式不规则，但整个版面还是利用色块布置的比较均衡。

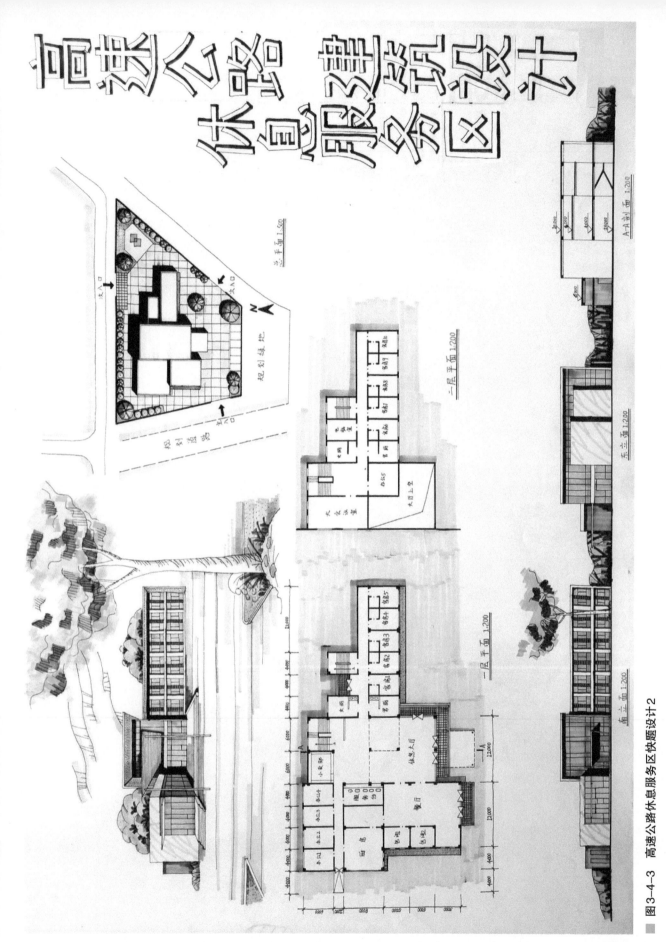

图3-4-3 高速公路休息服务区快题设计2

评语：总平基地和每条城市道路都有出入口是否必要？指北针画反向了。建筑功能分区合理，客房有好的朝向，但进深偏小。两个楼梯间距离过近。建筑外观为两层，剖面表达为三层，应该是第二层内部绘制室内吊顶，且没有画女儿墙。建筑入口有层次，排版略弱，特别是标题的大字不是很美观。

3.5 老人之家快题设计

◆ 3.5.1 任务书

1. 设计背景

在住宅区中，拟建设一座社区老人之家，地段位置选在清华校内的教工居住区，具体地形及周边状况见地形图。社区老人之家主要接收生活能基本自理，身体条件尚好的老人，含使用轮椅者，常设床位45张，并接收日托老人15名，作为社区公共设施，一般居民在节假日也可来参加活动，与老人交流，建筑规模为2200 ~ 2400m²。

2. 设计内容

二人或四人居住间30 ~ 40m²、卫生间（每个居住间配备一个或者三间配备两个）6m²左右、每二、三个居住间设计一个小起居空间16 ~ 20m²、餐厅兼活动健身厅（供60个老人日间锻炼身体，休闲聊天就餐，要求朝向好，阳光充足，可以与室外活动场地方便联系，与日托老人共同使用）100m²、娱乐图书室36m²、多功能厅100m²（另加卫生间6m²、附带仓库8 ~ 10m²）公共卫生间（含污物处理室）20m²、公共浴室40m²、医务室15m²、护理人员工作站15m²×2、接待室（带卫生间）20m²、办公室共36m²、咨询站15m²、工作人员更衣、淋浴、卫生间15m²×2、会议室30m²、洗衣间15m²、仓库15m²、厨房60m²。室外场地5个停车位，道路考虑汽车转弯半径。活动场地考虑老人室外活动要求，应朝阳，夏日树荫。设散步小路和室外活动器材。设景观绿化和少量蔬菜花圃园地，不小于35%绿化率。

说明：

居住间层高为2.8 ~ 3.0m；餐厅、娱乐、图书室层高为4.0m，平面形式可多样化；多功能厅层高为4m，平面形式宜规则方正；建筑若为二层则宜设担架电梯一部，也可以用坡道代替。

3. 图纸要求

总平面1:500、平面图1:200、立面图1:200（两个）、剖面图1:200、透视图和必要的设计说明、分析等。

4. 地形图

见图3-5-1。

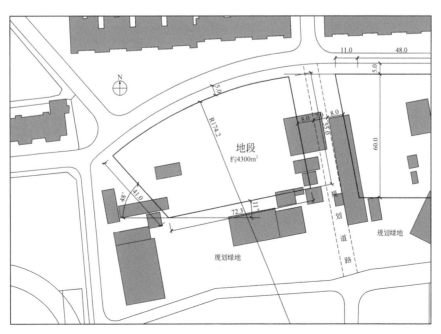

■ 图3-5-1　地形图示意（单位：m）

注：图中色块为现状建筑，用地范围内的现状建筑可拆除。

第 **3** 章　快题设计案例评析　107

◆ 3.5.2 案例评析

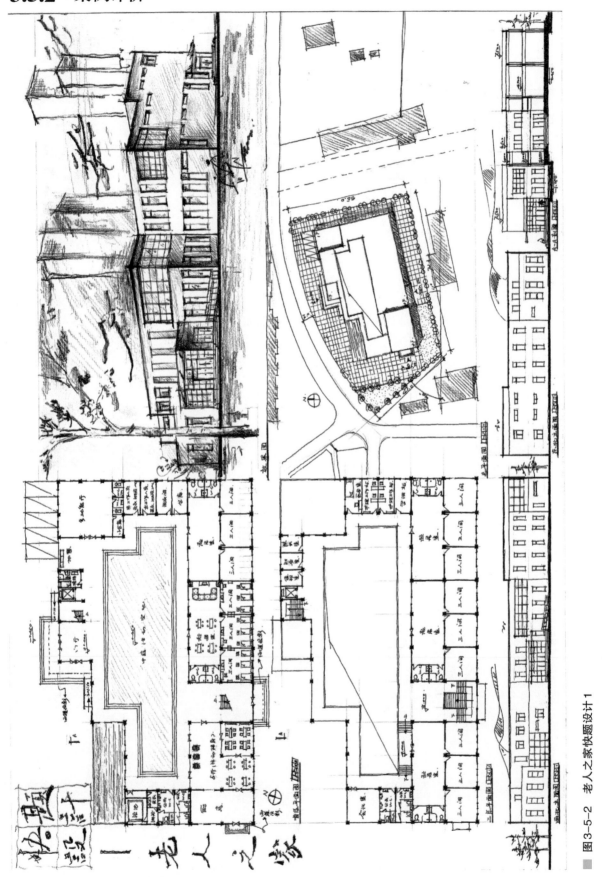

图3-5-2 老人之家快题设计1

评语：总平建筑入口和场地入口关系略弱，应通过绿化等环境设计加强建筑和基地形式间的联系。建筑通过庭院组织功能，功能基本合理，但庭院大而空，可考虑分成一大一小两庭院，还可以加强前后功能间的联系。建筑有考虑无障碍设计，构图完整，但两个平面、透视和总平正好把图面分成均等四块，略显呆板。

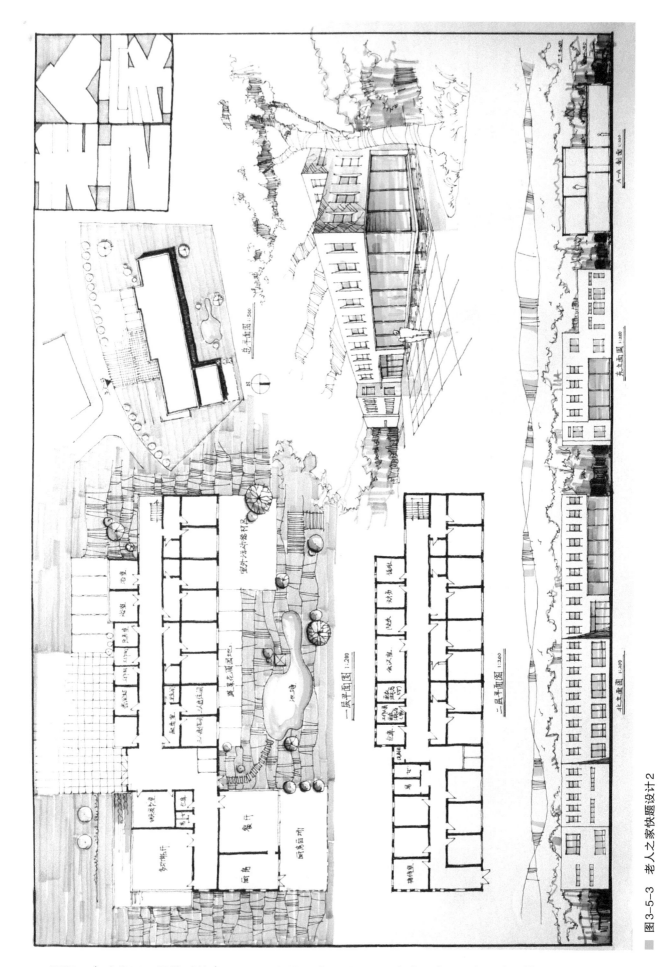

■ 图3-5-3 老人之家快题设计2

评语：多功能厅无单独对外出入口，二层平面中一层屋顶平台未画出，西侧缺疏散楼梯，总平指北针表示有误。剖面女儿墙未画，立面设计略为平淡，排版齐整。

◆ 3.6.1 任务书

1. 设计内容

本市某新建居住小区为方便双职工上班，解除其后顾之忧，拟建六个班的日托制幼儿园一所。

该幼儿园平均每班幼儿30名，建筑面积约2000m²。具体要求如下：

活动室（每班）60m²、卧室（每班）60m²、卫生间（每班，包括盥洗、厕所、洗澡）20m²、储藏室（每班）10m²、音体室120m²、办公室（园长、会议、接待、财务、教师）90m²、教具制作室15m²、保健室15m²、晨检接待室15m²、值班室15m²、门卫传达室15m²、贮藏室45m²、工作人员卫生间15m²、厨房85m²、开水消毒间10m²、炊事员休息室15m²、楼梯、门厅、走廊等交通面积自定。室外场地布置应包括班级活动场地、公共活动场地、道路绿化种植园地、小动物饲养场及杂物院等。

2. 图纸要求

总平面1:500、平面图1:200、立面图1:200（两个）、剖面图1:200、透视图和必要的设计说明、分析等。

3. 地形图

见图3-6-1。

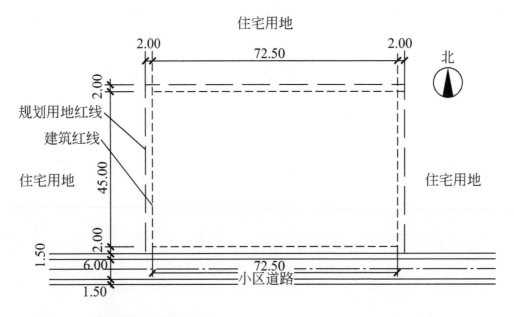

■ 图3-6-1 地形图示意（单位：m）

◆ 3.6.2 案例评析

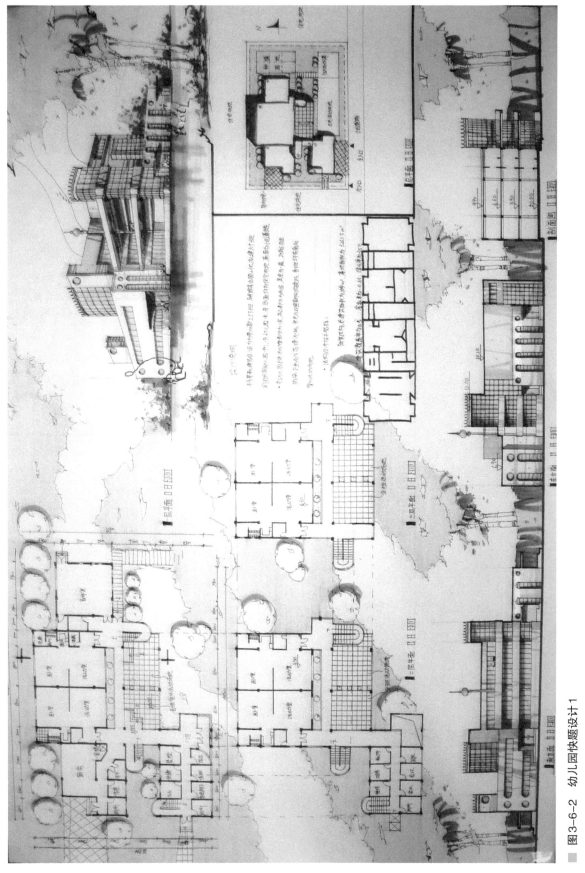

图3-6-2 幼儿园快题设计1

评语：建筑总平面功能分区合理，内外有别，室外空间包括六个班总的活动场地和分班活动场地，杂物院靠近厨房。整体造型在竖向空间有变化，通过皇冠形顶和尖塔体现童趣。一层平面上没有必要标尺寸，二、三层平面应画出底下一层的屋顶——如果图纸版面不够，可用折断线省略部分屋顶。

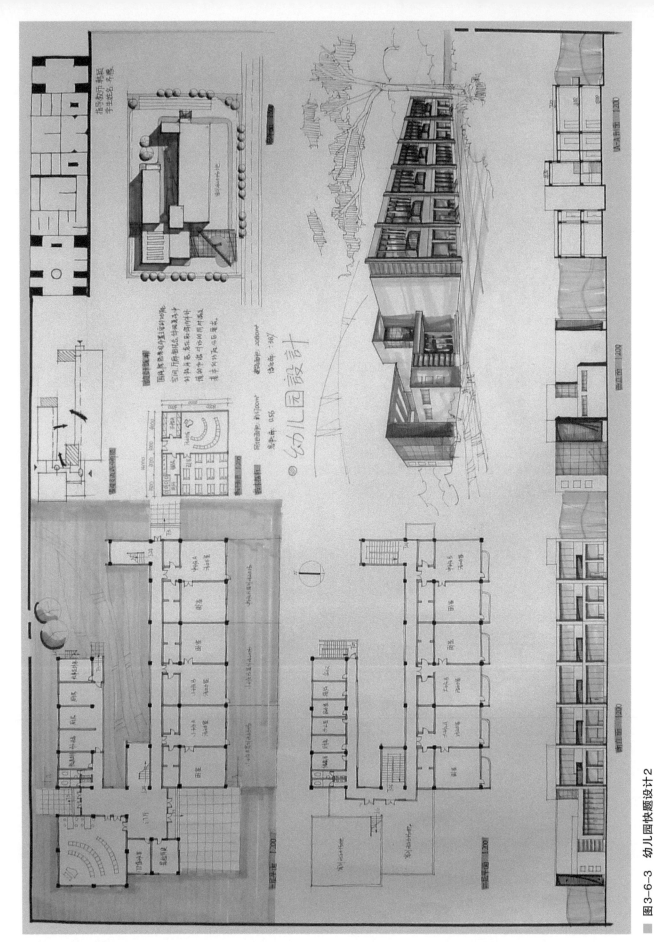

图3-6-3 幼儿园快题设计2

评语：建筑总平面功能分区合理，室外划分有分班活动场地，且在建筑南侧有好的日照，但未布置杂物院。一层北区后勤工作出入口楼梯应用虚线表示屋顶位置。建筑入口形式错落有变化，可再强化些幼儿园建筑的特点。

3.7 纪念馆快题设计

◆ 3.7.1 任务书

1. 设计背景

基地位于一住宅小区旁开辟的城市公园内，拟建设一座古籍展示纪念馆。设计用地见任务书地形，用地面积约3800m²，用地地质条件良好，表面平整。

2. 设计内容

面积控制指标（总建筑面积控制在2000m²左右），具体包括：

书库：200m²（附编纂、修订、管理等）；图书阅览：500m²，包括：普通阅览100m²×2，小型阅览60m²×2；办公部分200m²（包括会议、休息、管理、复印和储藏等）；古籍展示：400m²，古籍书店120m²、茶室，休息等：200m²；报告厅：200m²（附贵宾休息室、设备控制室等）；值班室：15m²；寄存：15m²；公用停车场：地面停车20个、其它功能面积（如门厅、交通空间、洗手间等）自定。

3. 图纸要求

总平面1：500、平面图1：200、立面图1：200（两个）、剖面图1：200、透视图和必要的设计说明、分析等。

4. 地形图

见图3-7-1。

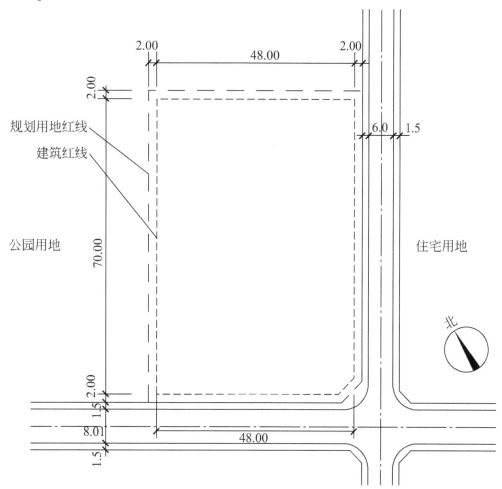

■ 图3-7-1 地形图示意（单位：m）

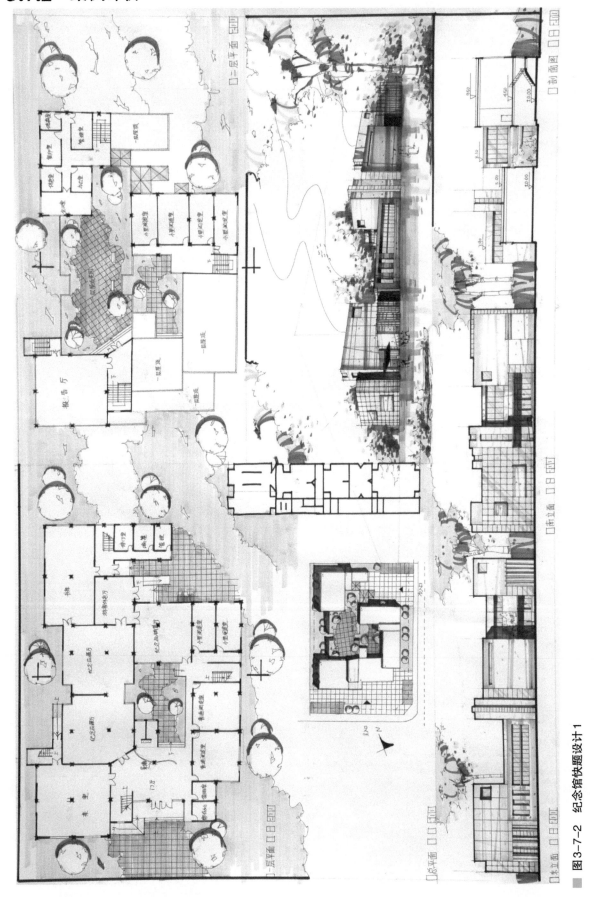

图3-7-2 纪念馆快题设计1

评语：建筑出入口有考虑无障碍设计，书库和主入口门厅及其它空间缺乏联系，纪念品销售和出入口关系不紧密，南向楼梯间右边走道应开个出入口。建筑造型有变化和虚实对比，图面排版有层次。

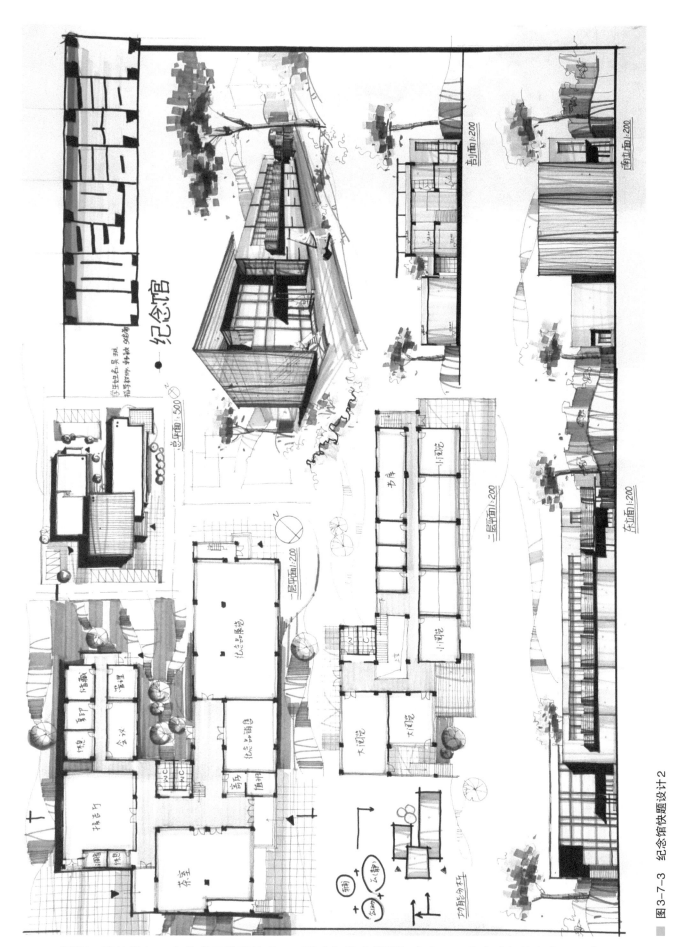

图3-7-3 纪念馆快题设计2

　　评语：建筑出入口未考虑无障碍坡道，二楼大阅览离楼梯间有点远，其它功能基本合理，建筑入口设计有层次，图面排版较好。

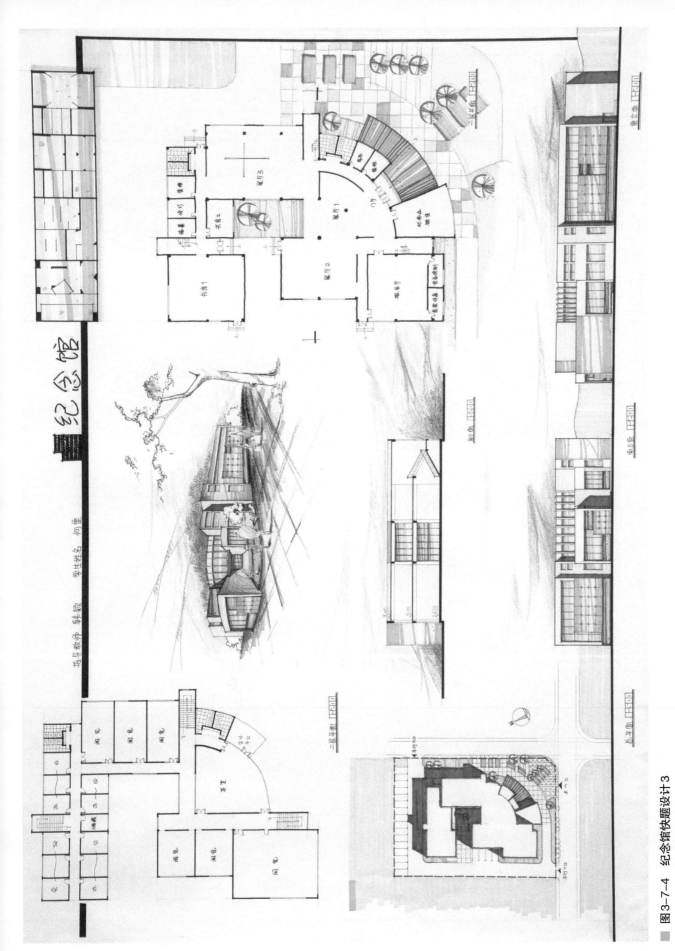

图3-7-4 纪念馆快题设计3

　　评语：总平功能分区合理，但建筑出入口未考虑无障碍坡道，透视偏小且略有变形。图面整洁工整，缺少点快速设计的自由和洒脱。

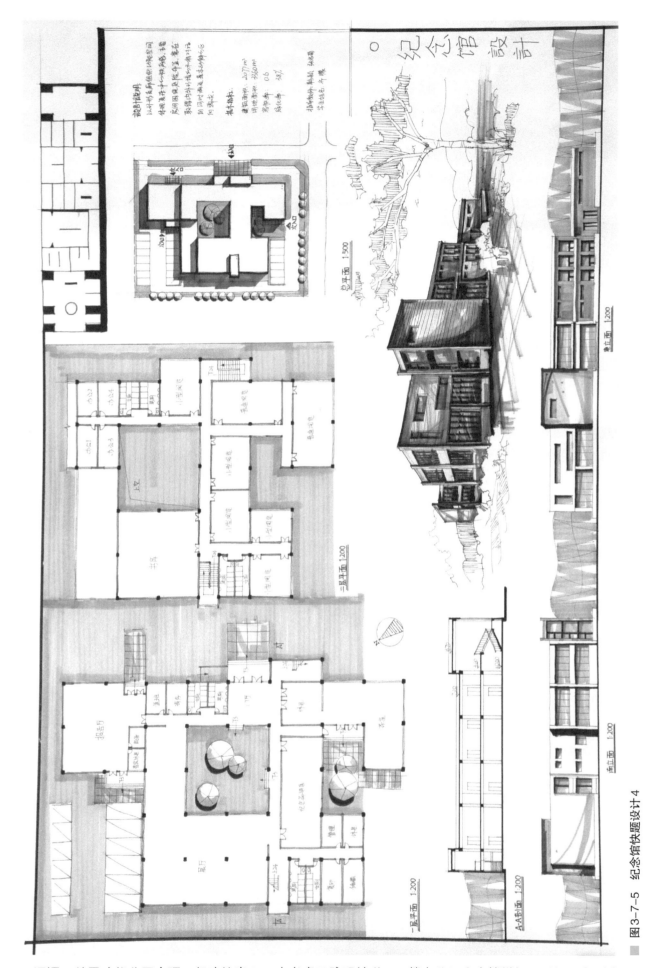

图3-7-5 纪念馆快题设计4

评语：总平功能分区合理，但建筑出入口未考虑无障碍坡道，二楼办公区少个楼梯间。透视图色彩太重，像是夜景效果，未能表现建筑明暗和阴影关系。

◆ **3.8.1** 任务书

1. 设计背景

拟在西安某学院内建一图书馆，选址于校园中心绿化广场东侧，总用地面积约6200m²，基地详见地形图，建筑面积约为2500m²（正负10%）。充分考虑地形条件，以及周围条件对建筑的影响。遵循相关建筑规范。建筑密度小于40%，绿化率大于35%。

2. 设计内容

（1）书库（藏书20万～25万册）700m²，包括：基本书库550m²（包括辅库）、期刊书库90m²、视听、缩微资料库60m²；

（2）阅览室（包括开架，从书库中扣除面积）600m²，包括：普通阅览室200m²、科技阅览室60m²、报刊阅览室50m²×2、学生阅览室80m²、教师阅览室50m²×2、电子阅览室60m²；

（3）读者公共活动用房300m²，包括：门厅90m²、出纳目录厅（包括电子检索）60m²、报告厅200m²；

（4）技术业务用房240m²，包括：采购15m²、中文编目30m²、外文编目30m²、装订30m²、暗室15m²、接待30m²、研究室30m²、财会15m²、美工15m²、库房30m²；

（5）行政办公用房130m²，包括：馆长室20m²、办公室20m²、会议室30m²×2、值班室15m²、储藏15m²；

（6）设备用房70m²，包括：消防控制室30m²、配电用房40m²；

（7）其它如过道、楼梯、室外平台及展览、休息、厕所、自行车停车位等根据需要配置。

3. 图纸要求

总平面1：500、平面图1：200、立面图1：200（两个）、剖面图1：200、透视图和必要的设计说明、分析等。

4. 地形图

见图3-8-1。

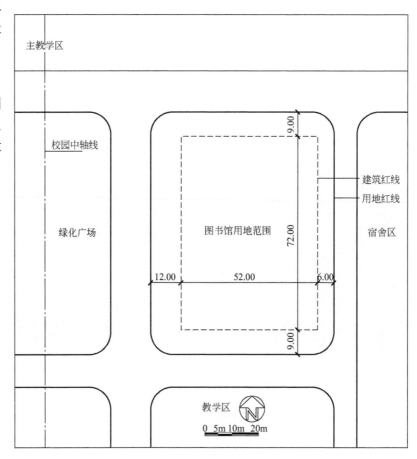

■ 图3-8-1 地形图示意（单位：m）

◆ 3.8.2 案例评析

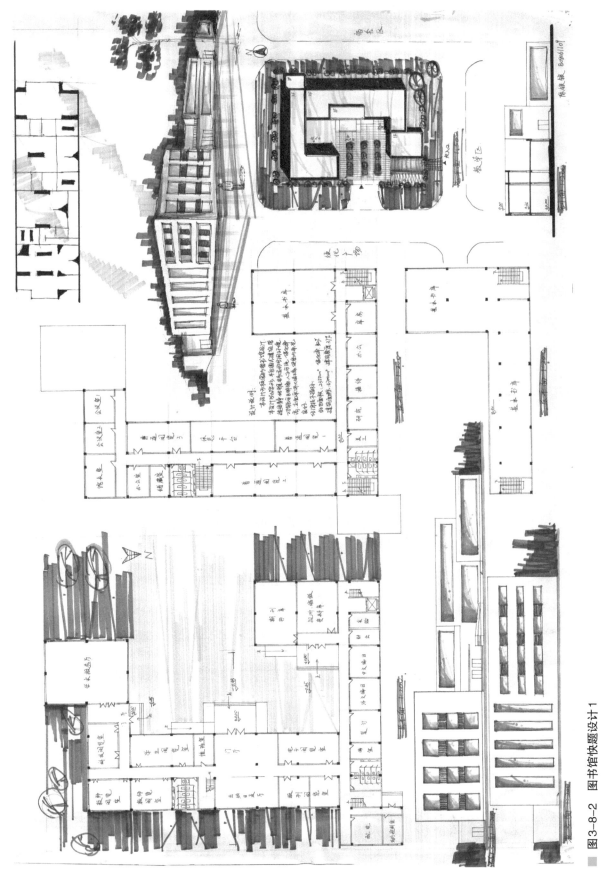

图3-8-2 图书馆馆快题设计1

评语：总平没有将建筑不同出入口间的道路联系表示出来，建筑功能分区合理，内外有别，但报告厅缺少单独对外出入口，立面设计略显简单。二层平面中一层屋顶应是细双线表示女儿墙。平、立面环境表现太草率，没有起到衬托建筑形式和统一图纸效果的作用。

第 **3** 章　快题设计案例评析　▎119

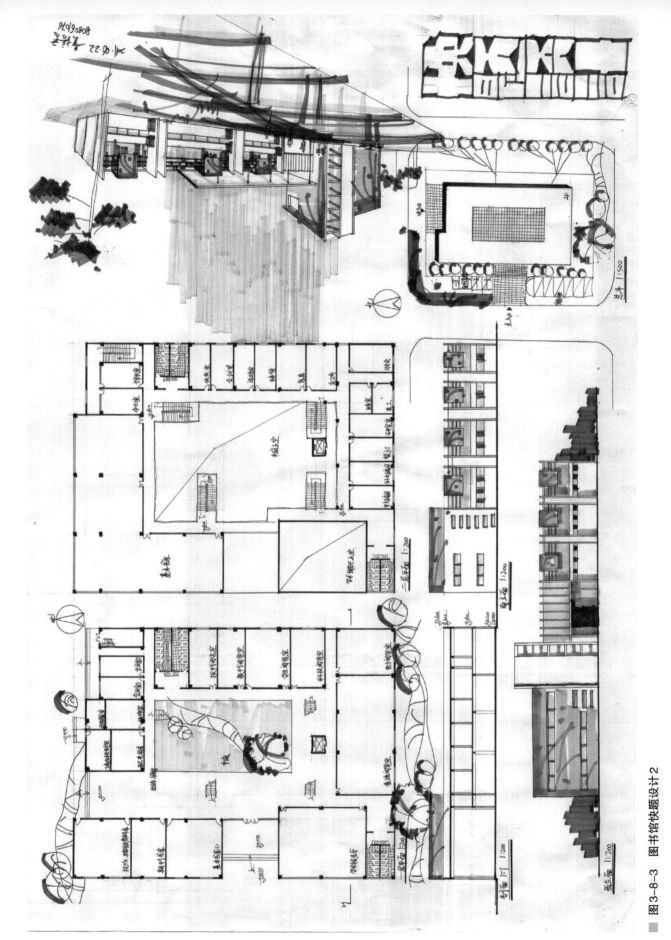

图3-8-3 图书馆快题设计2

　　评语：总平功能分区合理，但建筑出入口未考虑无障碍坡道，报告厅没有单独对外出入口，一、二层都有黑房间。立面造型有特色和细节。总平、平面和立面的环境及绿化表现太简单，透视图布局和其它图方向不一致。

◆ **3.9.1** 任务书

1. 设计要求

客运站建筑平面功能合理，流线清晰，空间尺度满足使用要求，具有现代建筑特征；站前广场应设计出租车停车场、社会车辆停车场及自行车停车场，适当考虑绿化及景观设计。

2. 设计内容

某市因经济发展较快，拟在城市新区建设日均发客量1200人次的三级汽车客运站一座，总建筑面积约2500m²（正负10%）。各房间建筑面积具体要求如下（以轴线计）：

（1）进站大厅200m²；

（2）候车大厅500m²（含安检口一组，检票口三组）；

（3）售票，包括：售票厅100m²、票据库20m²、售票室40m²；

（4）对外服务用房，包括：广播10m²、行包房80m²（含40m²库房）、小件寄存20m²、商店60m²、问讯处15m²、值班15m²、邮电15m²、医务20m²、公安30m²、饮水10m²、男女厕所40m²×2；

（5）内部站务用房，包括：调度30m²、站长20m²、站务20m²×3、办公20m²×4、会议室90m²、接待室40m²、司乘人员休息15m²×2、乘务员休息15m²、男女厕所20m²×2；

（6）发车区、到达区用房，包括：司机休息40m²、检票员室20m²、验票补票室20m²；

（7）其它如过道、楼梯、室外平台及展览、休息、厕所、停车位等根据需要配置。

3. 图纸要求

总平面1：500、平面图1：200、立面图1：200（两个）、剖面图1：200、透视图和必要的设计说明、分析等。

4. 地形图

见图3-9-1。

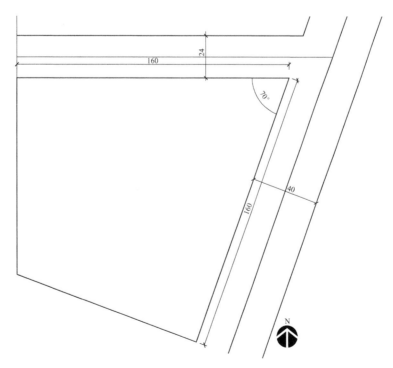

■ 图3-9-1　地形示意图（单位：m）

◆ 3.9.2 案例评析

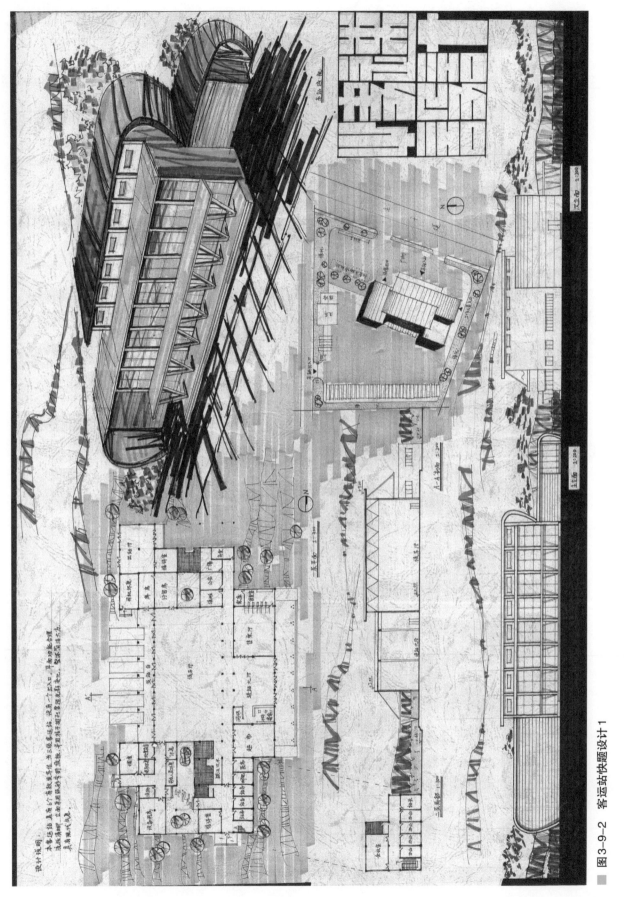

图3-9-2 客运站快题设计1

　　评语：总平进站广场和车流出站口分开，互不干扰，且车辆出入口距主干道交叉口大于70m。建筑造型符合交通建筑特征，版面表现较好。平面出入口坡道长度显短，坡高比应该是1∶12，有黑房间。

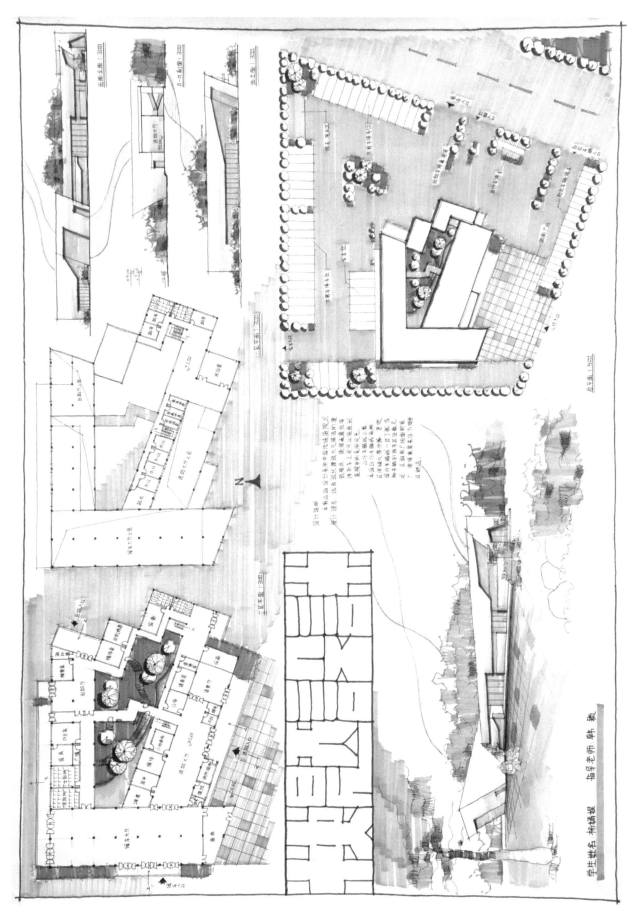

图3-9-3 客运站快题设计2

　　评语：总平功能分区合理，但建筑出入口未考虑无障碍坡道，商店对外出入口漏画了台阶。建筑造型有体积感，但立面和建筑透视表现略显简单。图纸版面构图通过灰色色块达到均衡，蓝色玻璃和水面提亮了画面，不足的是透视图中缺少深色压住画面。

3.10 住宅建筑室内快题设计

◆ 3.10.1 任务书

1. 设计背景

某商品房标准户型的一次空间如图所示，层高2.8m，现住户要求进行室内设计，请提供最佳方案。

（1）人口结构：夫妻两人及12岁女儿；

（2）职业：男主人为国企员工、女主人为公务员、女儿为中学生；

（3）经济状况：家庭月收入10000元；

（4）兴趣爱好：全家喜欢音乐。

2. 设计内容

（1）完善平面功能和空间设计；

（2）对各房间进行家具、家电等设备配置设计；

（3）对客厅或主卧进行界面设计。

3. 图纸要求

（1）平面图（包括家具设备布置）1：50；

（2）选客厅或主卧立面图1：30；

（3）选客厅或主卧透视，表现手法不拘。

4. 室内示意图

见图3-10-1。

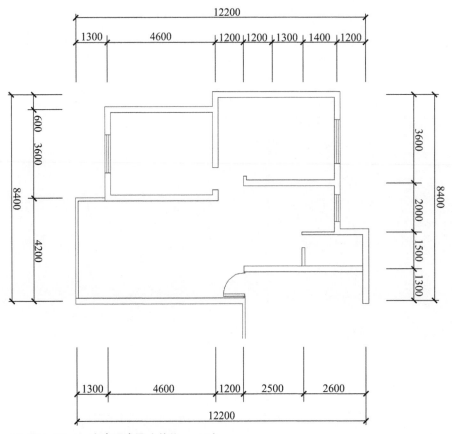

■ 图3-10-1　室内示意图（单位：mm）

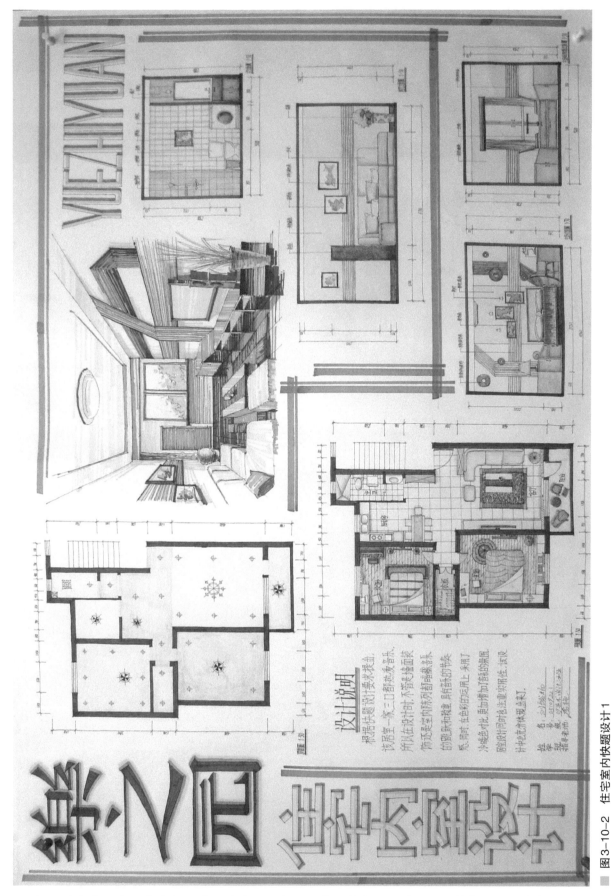

图3-10-2 住宅室内快题设计1

评语：该方案以音乐为主题，表现在客厅、餐厅的背景墙上；形式要是再抽象些，提炼音乐的符号加以设计会更好。厨房为开放式，最好有隔断避免油烟。顶平面少灯具图例和标高。构图均衡，版面工整。

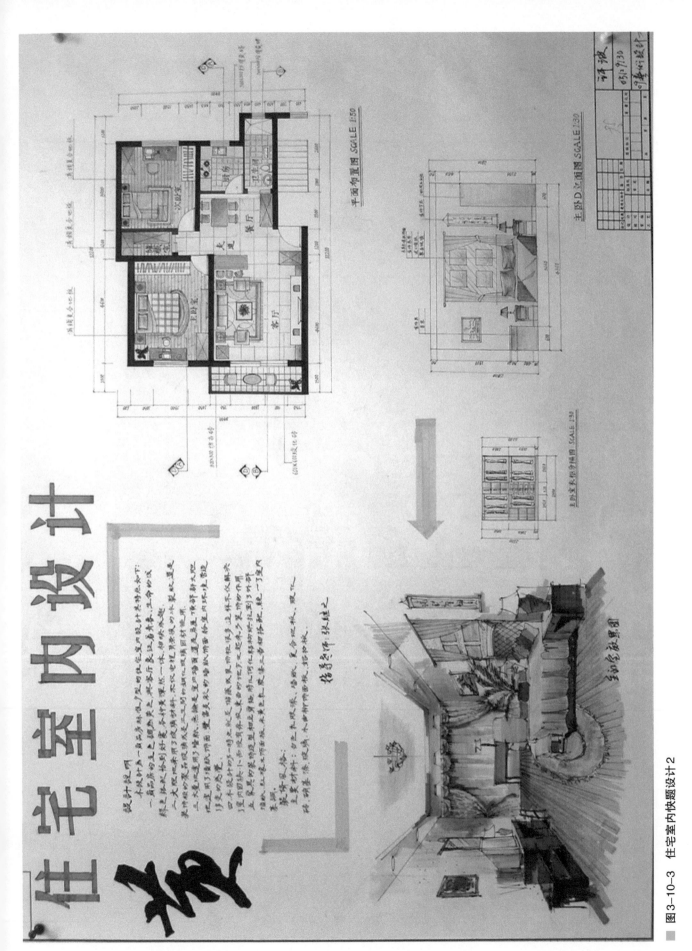

住宅室内设计

图3-10-3 住宅室内快题设计2

评语：该方案平面布局功能合理，入口玄关利用家具和客厅进行分隔，主卧室背景墙用装饰画和粉色帘幔增加层次，并和粉色地毯呼应。画面表现排版匀称，色彩和谐。

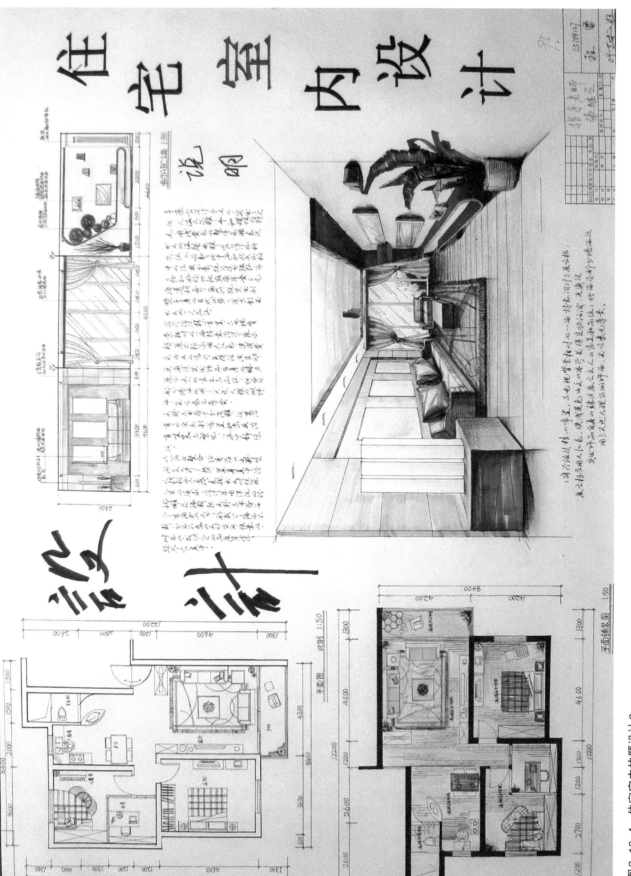

图3-10-4 住宅室内快题设计3

　　评语：该方案平面布局功能合理，厨房为开放式，应考虑到油烟干扰。书房是黑房间，如采用透明隔断间接采光又会对儿童房产生干扰。客厅主背景墙通过红色装饰板的线条和色彩提亮空间。画面表现排版匀称，色彩和谐。

◆ 3.11.1 任务书

1. 设计目的

学习不同性质场地景观设计的要点，掌握场地内景观与周边地区空间形态的关系以及满足设计的功能要求，并且能够充分考虑人在室外公共活动空间的视线直观感受和空间尺度，营造宜人的环境。

2. 设计要求

根据给定的地形进行景观设计，要求：

（1）因地制宜：景观设计要结合现状条件和周边环境，使场地空间既充满生活气息，又有利于逗留休息。发挥艺术手段，做到自然性、生活性、艺术性相结合。

（2）布局紧凑：尽量提高土地的利用率。充分利用地形道路、植物小品分隔空间，此外也可利用各种形式和手段划分空间。

（3）动静分区：满足不同人群活动的要求，应考虑到动静分区，并注意活动区的公共性和私密性。在空间处理上要注意动观、静观、群游与独处兼顾，使活动者找到自己所需要的空间类型。

（4）道路规划：考虑出入口、主要道路、次要道路的划分，以及其合理的宽度，保证人们活动的完整性。

（5）景观设计：硬质景观与软质景观兼顾，硬质景观与软质景观要按互补的原则进行处理。硬质景观突出点题入境，象征与装饰等表意作用，软质景观则突出情趣和谐、舒畅，自然等作用。

（6）植物配置：体现地方风格，注意不同植物搭配的层次。

（7）景观设施：包括休憩设施、服务设施、照明设施等。

3. 图纸要求

总平面1：500、剖立面1：200、透视图和必要的设计说明、分析等。

4. 地形图

见图3-11-1。

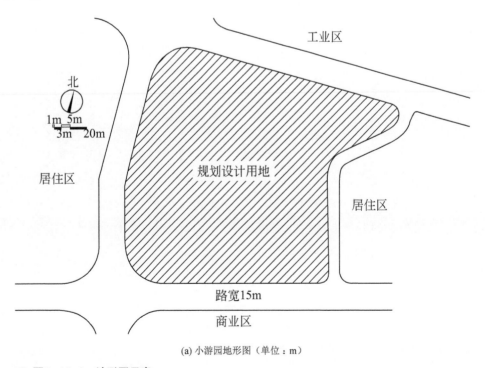

(a) 小游园地形图（单位：m）

■ 图3-11-1 地形图示意

(b) 某广场地形图

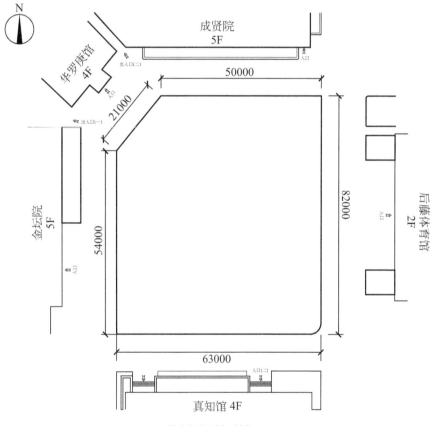

(c) 某广场地形图（单位：mm）

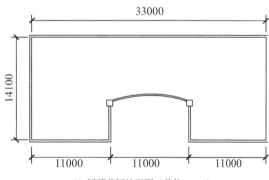

(d) 屋顶花园地形图（单位：mm）

■ 图3-11-1　地形图示意

◆ **3.11.2** 案例评析

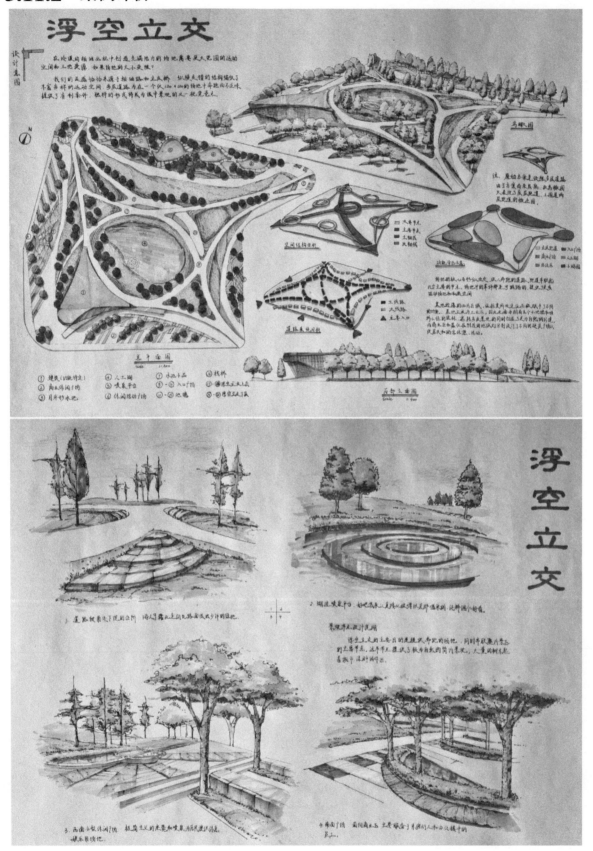

■ 图3-11-2 小游园景观设计1

评语：设计部分构思新颖，采用不同标高的道路来组织场地的空间；北部靠工业区利用绿化进行隔离，南部靠商业区布置休闲广场。平面道路构成略乱，形式缺少逻辑性。表现部分图纸完整，分析图生动明确；小的透视图表达较为完善，马克笔绘画技法熟练。

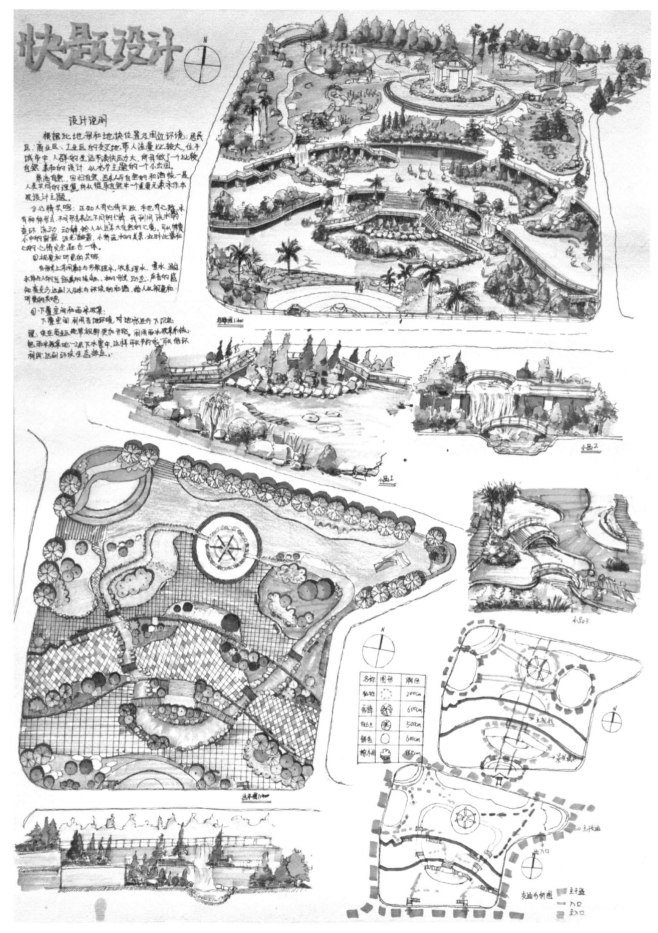

图3-11-3 小游园景观设计2

评语：平面规划形式缺乏内在逻辑，略显杂乱。设计通过不同标高丰富了空间，功能分区合理，透视图较好地表现了整个空间的高差关系。平面上也可以用阴影体现不同空间层次的关系。

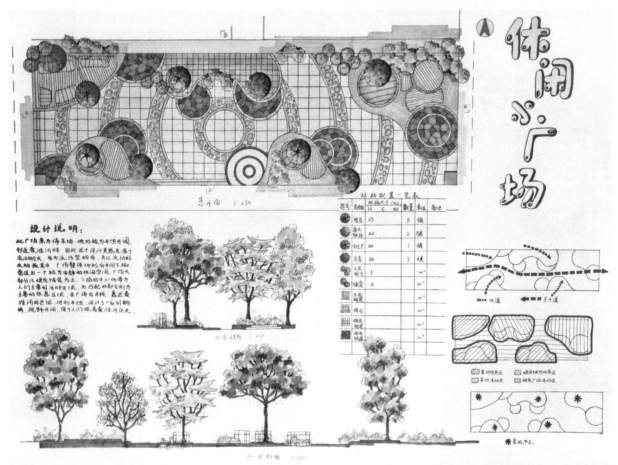

■ **图3-11-4 广场景观设计1**

  评语：方案反复利用圆形为母题来组织广场空间，不同的圆形要素有不同的尺度和功能，使得整个广场协调有韵律。表现部分：图纸较为完整，透视缺乏图名。

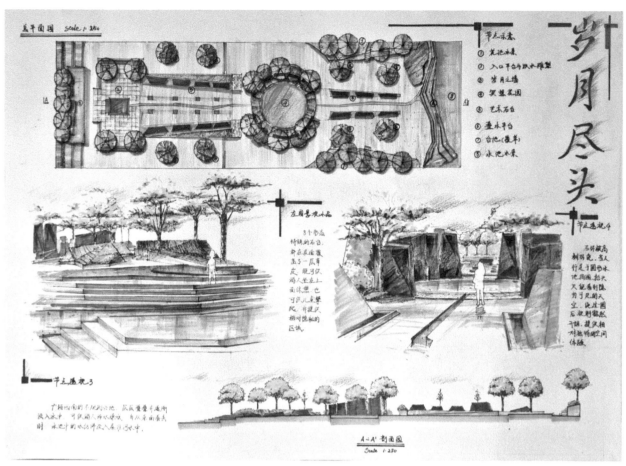

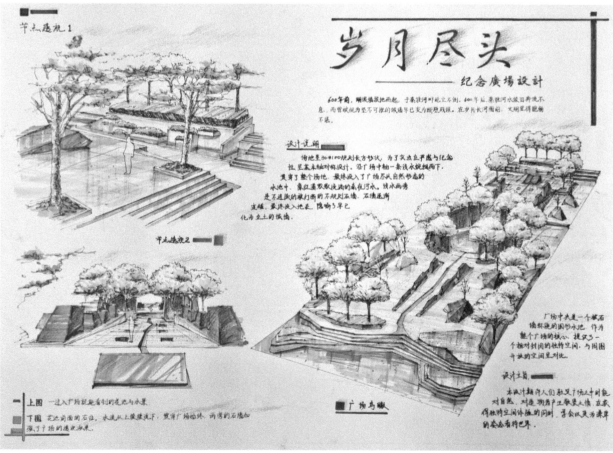

■ 图3-11-5 广场景观设计2

　　评语：广场以"岁月"为主题，有明显的中轴线，但设计又不完全对称，通过台阶、静水和深色石材呼应纪念广场的意义。平面植物配置松散，总体透视和各角度局部透视较好地表现了设计思想。

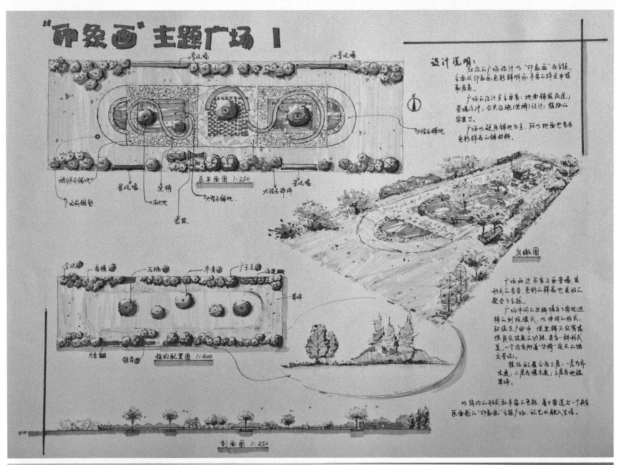

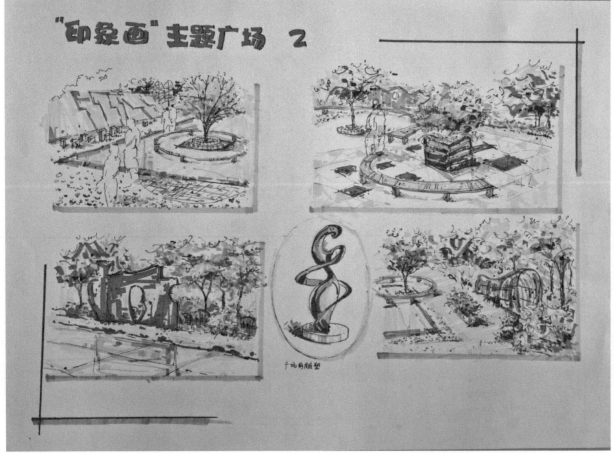

■ 图3-11-6 广场景观设计3

评语：方案以"印象画"为主题，平面用"S"形树池把整个广场串联起来，设计表现的色彩过多，应考虑以整体色块来处理，并考虑统一性。透视缺图名。

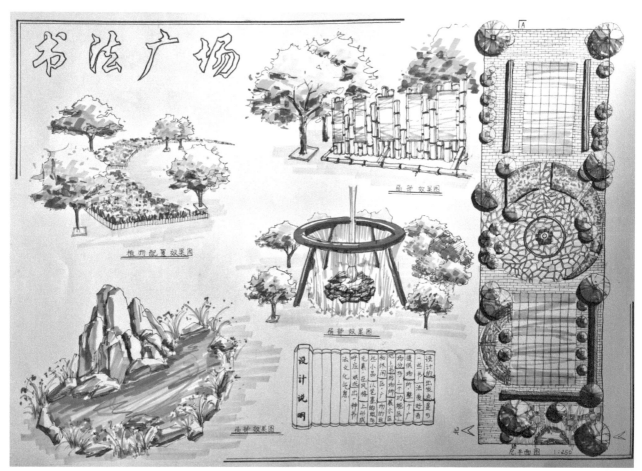

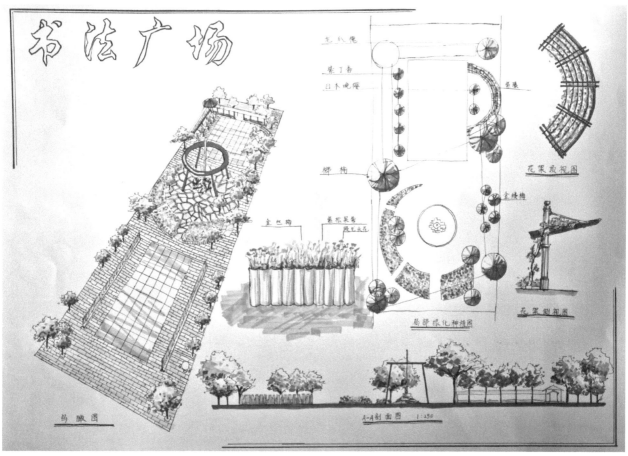

■ 图3-11-7 广场景观设计4

　　评语：方案中采用"书法"作为广场设计的主题，广场前后两块硬质铺地作为书法爱好者习字的场所。图
纸内容完整，平面缺各功能空间的名称，色彩表现有些过于丰富，第二张图纸左上角显空，应注意版面均衡。

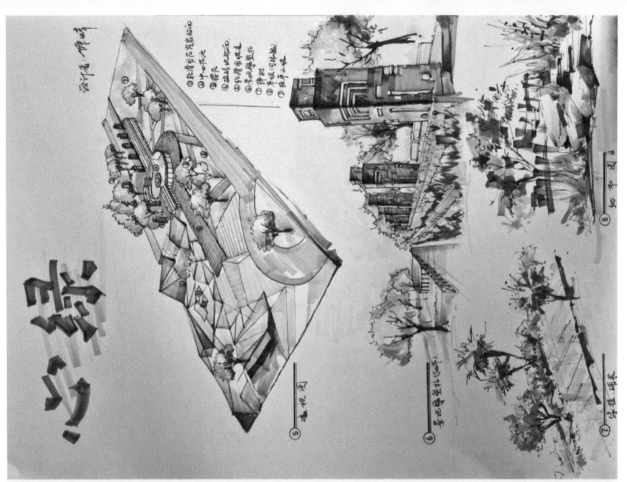

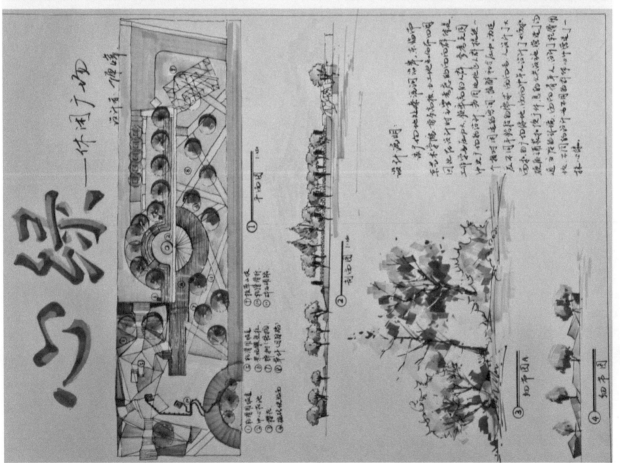

图3-11-8 广场景观设计5

评语：方案划分了不同的功能空间，既有硬质铺地也有绿化小道，但平面和鸟瞰图中绿化略显单一。小透视表现比较精彩，马克笔技法娴熟，色彩既鲜艳又有对比。

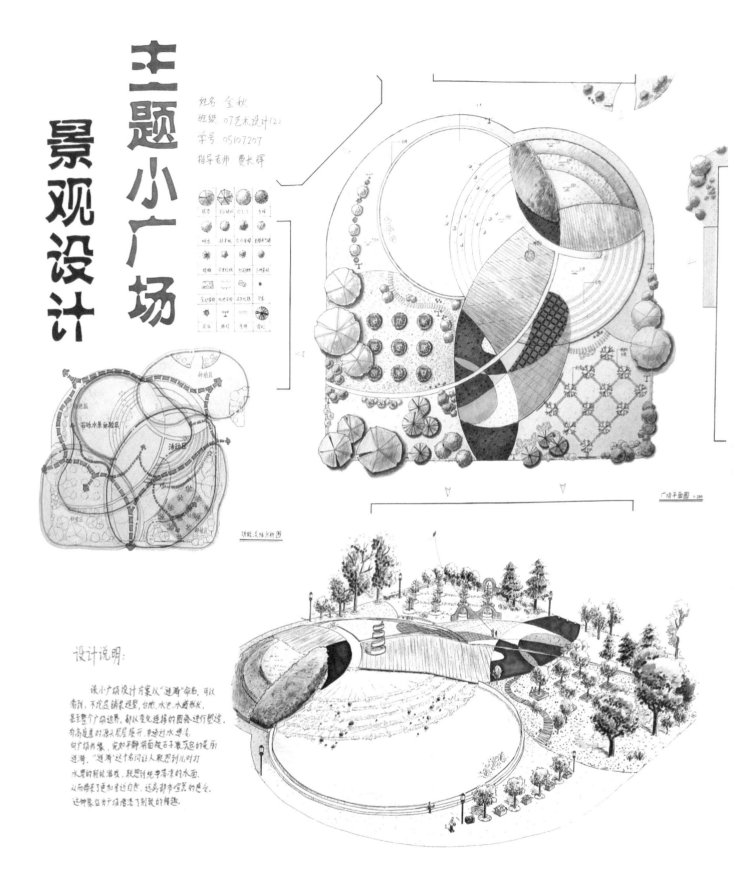

主题小广场景观设计

姓名 金秋
班级 07艺术设计(2)
学号 05107207
指导老师 费长辉

设计说明:

该小广场设计方案以"逝潮"命名，可级
看到，不论是铺装造型，台地，水池，水道跌级，
乃至整个广场道界，都以变化连续的图案进行塑造，
有高底差的潮从层层叠开，动态到水进高，
每广场排露，完如种潮明面起石手景灰色的是历
运潮。"逝潮"这个名词让人联想到儿时打
水景的乐趣游变，既想到先手落凉的水面，
从而得来了更加亲近自然，远离都市喧嚣的意，
这种景仅在广场唐落了到散的解题。

■ 图3-11-9　广场景观设计6

　　评语：广场规划平面形式感很强，主要以绿化和水景做主题，功能分区合理，既有硬质铺地活动区，也有绿化种植区和木制平台观景区。临近城市道路一侧设置大面积的水面，既消解城市噪声，也构成主要景观点；主要活动区用不同材质的铺装分割，形成丰富的层次和质感。整个图纸布局生动有致，运用彩色铅笔表现，画面细腻；总平面图缺少指北针，少立面图。

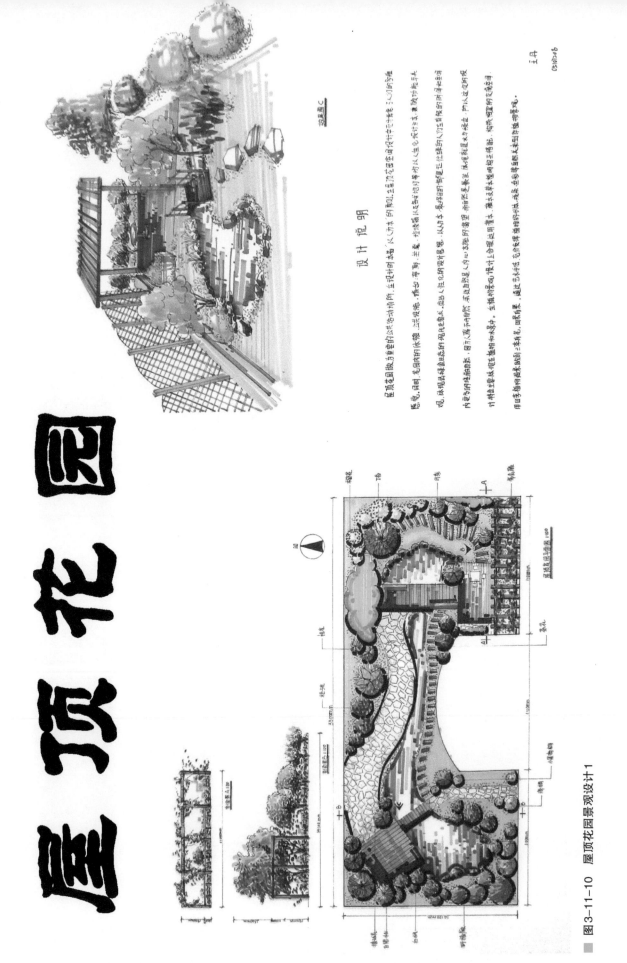

图3-11-10 屋顶花园景观设计1

评语：设计功能基本符合要求，图面表现有层次形式统一，植物搭配合理，应适当控制园路宽度。在构图上，可适当扩大剖立面图所占图纸的比例。

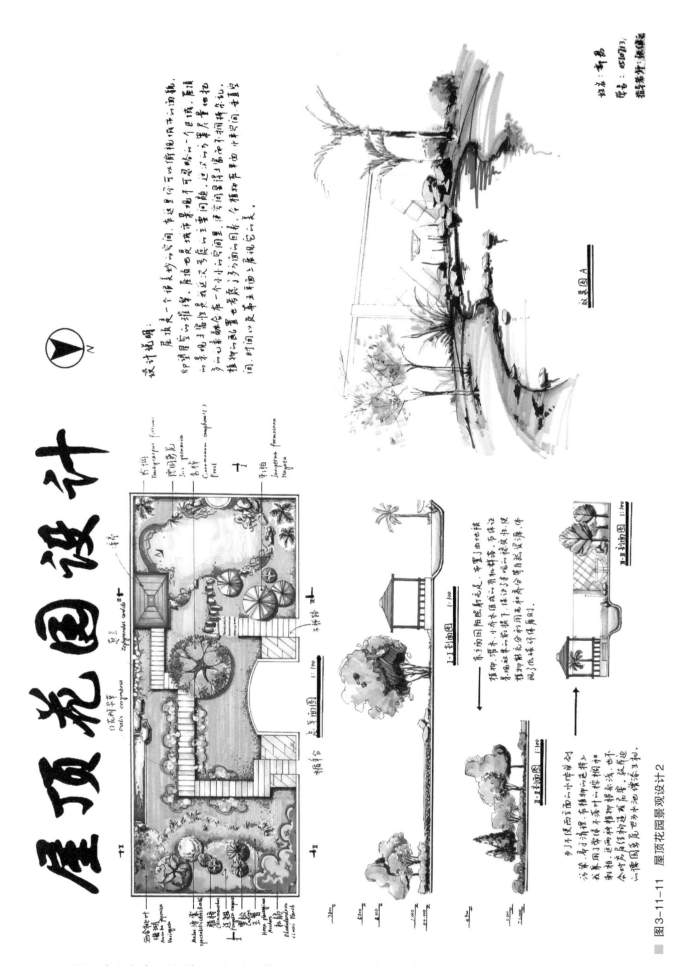

图3-11-11 屋顶花园景观设计2

评语：该方案合理地利用了场地的特点，功能合理，线路流畅。不足点在于图纸中央树种的选择过于高大，在屋顶花园上种植可实施性较差。

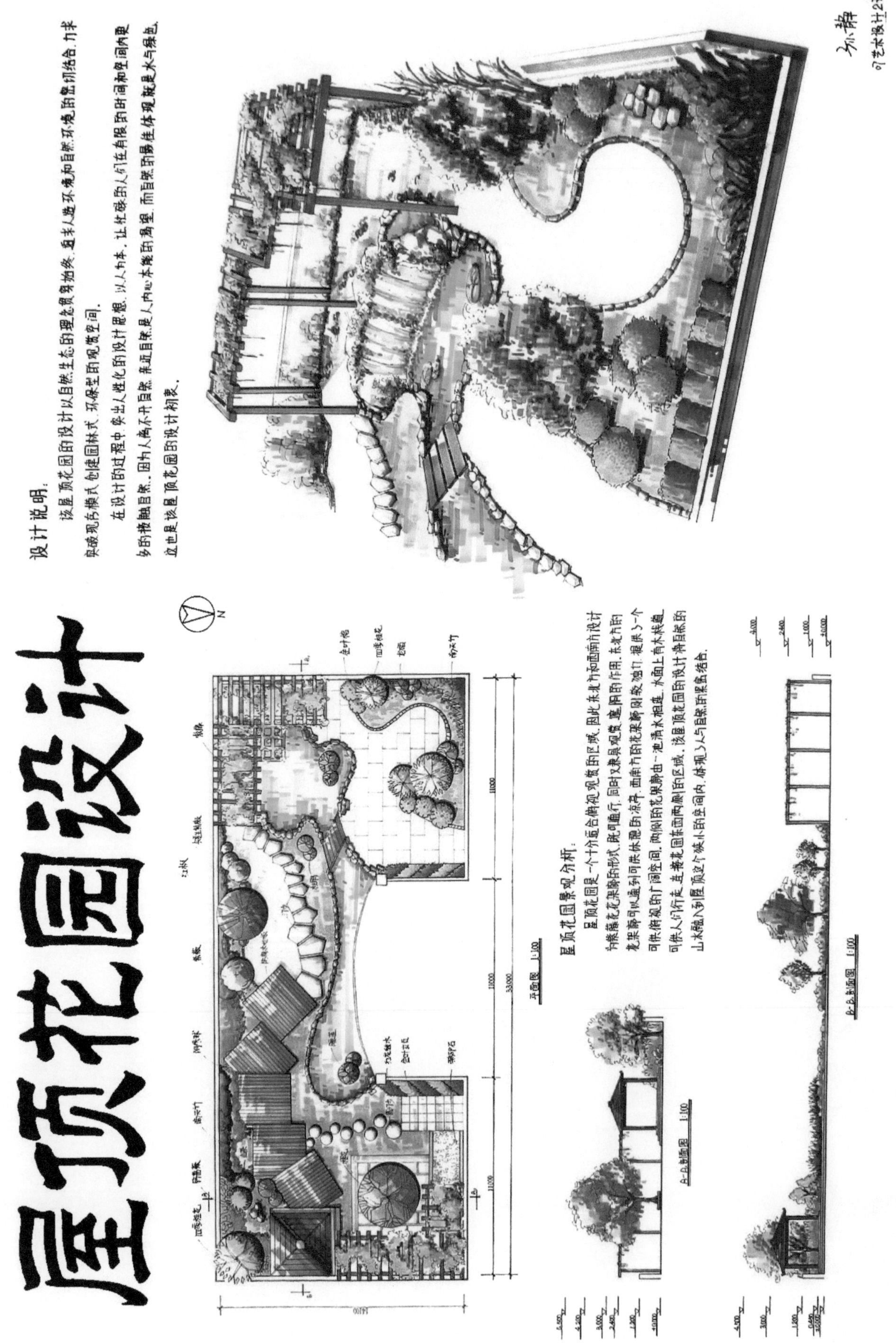

屋顶花园设计

设计说明：

该屋顶花园的设计以自然、生态的理念为设计主线，且主要造环境和自然、环保型的观赏空间。

在设计的过程中突出人性化的设计思想，以人为本，让住客在有限的时间和空间内更好的获得身心的放松。因为人角不开自然，本设计旨在展示人与本庵的身望，而旨望在身体观赏是水与景色。

既突破现有模式也提园林式，环保型的观赏空间。立也是该屋顶花园的设计初衷。

屋顶花园景观分析：

屋顶花园是一个十分适合放松观赏的区域，因此未充分考虑到设计中小庭院小溪，同时具有景观变更阴暗各方面设计。本处方的植物配以花卉果蔬，具有阴凉遮阴的作用。本处方可休闲观水感到轻松恬静凉亭，曲折方的花草阴影绍心弛，提供一个两侧的花果分相似。水面上自然林造可供人们行走，且串起回曲两侧的间空间。该屋顶花园的设计将清水相通，山木融入到屋顶的较小的空间内，体现入与自然感的完美组合。

图3-11-12　屋顶花园景观设计3

评语：该设计方案构图饱满，功能合理。平面图、剖面图色彩搭配较好。不足之处在于透视图画面右边重，作为设计主体的水景表现不全面。

●教学目标：通过快题设计案例的讲解和分析，要求学生根据任务书要求进行快速设计，提高运用图式（分析）和形象诸元素表达快速设计的能力。

●教学手段：一是演示法，给学生提供可参考的设计范图，以更好地指导其设计。二是相互作用的方法，针对快题设计任务书内容要求学生绘制设计图，教师对学生进行一对一地指导和评阅。

●重点：在规定的时间内，根据任务书要求进行快速设计。

●能力培养：通过本节教学，培养学生基于对不同的设计任务与地段环境的理解，拟定解决设计中功能、空间、形式和技术等问题的办法，并用图纸和文字说明的形式表达设计思想的能力。

●作业内容：根据快题设计任务书的要求，在规定的时间内进行设计，并绘制一套完整的设计图纸。

小 结

　　本章的快速设计案例评析选取了不同风格的快题设计作业——既有理工科学生设计制图的理性严谨，也有艺术院校学生挥洒自由的设计表现，针对一些作业中设计和表现出现的问题作了分析和评价，特别是一些功能上不符合规范要求和制图表达有误的案例应予以借鉴。通过快题设计作业的示范、评价与练习，从启发学生的质疑力、培养学生的观察力、训练学生的表现力和激发学生的创造力等方面提升快速设计的创作能力，从而提高建筑学专业学生的艺术修养和审美鉴赏力，加强设计的信念，综合地提高设计的实践水平。

图片说明

1. 图1-1-1、图1-2-3、图1-2-4、图1-3-21、图2-3-1、图2-3-8、图2-3-10、图2-3-15、图2-3-16、图2-3-18、图2-4-24、图2-4-44、图2-4-45、图2-4-47，张骏提供

2. 图1-1-2、图1-2-2、图1-3-4、图1-3-9、图1-3-12、图1-3-14、图1-3-22、图2-1-2至图2-1-4、图2-3-11、图2-4-4、图2-4-7至图2-4-9、图2-4-28，韩颖绘制

3. 图1-1-3、图3-6-2、图3-7-2，王锡惠绘制

4. 图1-2-1、图1-2-6、图1-2-10、图3-7-3，吴挺绘制

5. 图1-2-5，肖鸣绘制

6. 图1-2-7，张启菊绘制

7. 图1-2-8，曾蓉绘制

8. 图1-2-9、图2-1-21，汪丽雯绘制

9. 图1-3-1，来源：《SOM建筑师事务所——世界建筑大师优秀作品集锦》

10. 图1-3-5，来源：《巴黎歌剧院蓝本》

11. 图1-3-8，来源：《"英雄主义建筑"与城市地段特色—南京鼓楼邮政大楼设计评述》

12. 图1-3-16至图1-3-18、图1-3-20、图1-3-23、图1-3-24、图2-1-6、图2-1-7、图2-1-15至图2-1-17、图2-2-3至图2-2-8、图2-2-10至图2-2-15、图2-2-17、图2-2-18、图2-2-22、图2-2-23、图2-3-4、图2-3-9、图2-3-14，来源：网络

13. 图1-3-19，来源：《印度贝拉布尔低收入者住宅的设计解析》

14. 图2-1-1，赵萌绘制

15. 图2-1-5，来源：《美国无障碍设计指南2005》

16. 图2-1-8，来源：《无障碍建筑环境设计》

17. 图2-1-14，来源：《建筑设计的构思方法》

18. 图2-2-1、图2-4-21，曹莹绘制

19. 图2-2-2，来源：《建筑室内设计——思维、设计与制图》

20. 图2-2-20，徐晓绘制

21. 图2-3-2、图2-3-6，来源：《园林景观设计——从概念到形式》

22. 图2-3-3，来源：《风景园林设计要素》

23. 图2-3-5、图2-4-25、图3-11-3、图3-11-5至图3-11-7，南京艺术学院设计学院学生绘制

24. 图2-3-7，卫炜、王丹、江笑宇绘制

25. 图2-3-12，王琳绘制

26. 图2-3-13、图2-4-5、图2-4-26、图2-4-27、图2-4-29至图2-4-36、图2-4-38、图2-4-40，陈潇绘制

27. 图2-3-17，郭砾绘制

28. 图2-4-1，金陵科技学院建筑工程学院学生绘制

29. 图2-4-2，陈阳月绘制

30. 图2-4-3，杨慧、韩颖绘制

31. 图2-4-6、图2-4-15、图2-4-16、图2-4-19、图2-4-20，来源：《房屋建筑室内装饰装修制图标准》

32. 图2-4-10、图2-4-11、图2-4-13，来源：《快速设计100问》

33. 图2-4-12，周佳玥绘制

34. 图2-4-14，吴昇奕绘制

35. 图2-4-17、图2-4-18、图2-4-23、图3-9-3，杨嫣娱绘制

36. 图2-4-22，韩蕊、韩颖绘制

37. 图2-4-37，季美思绘制

38. 图2-4-39，张玉媛绘制

39. 图2-4-41，刘艺绘制

40. 图2-4-42、图2-4-43、图2-4-46，黄飞绘制

41. 图3-1-2、图3-2-3、图3-3-3、图3-7-4，何雯绘制

42. 图3-1-3、图3-5-3，东南大学成贤学院建筑艺术系学生绘制

43. 图3-1-4，龚静绘制

44. 图3-1-5、图3-4-2、图3-5-2、图3-8-2、图3-8-3、图3-9-2，三江学院建筑系学生绘制

45. 图3-2-2、图3-6-3、图3-7-5，齐朦绘制

46. 图3-3-2，樊云龙绘制

47. 图3-3-4，李琪炜绘制

48. 图3-4-3，张策绘制

49. 图3-10-2，刘骏杨绘制

50. 图3-10-3，许波绘制

51. 图3-10-4，程雷绘制

52. 图3-11-2，邓正策绘制

53. 图3-11-4，查诗蕾绘制

54. 图3-11-8，陈烨绘制

55. 图3-11-9，金秋绘制

56. 图3-11-10，王丹绘制

57. 图3-11-11，郭君绘制

58. 图3-11-12，孙静绘制

59. 其它照片为编者拍摄

[1]［希腊］安东尼·C安东尼亚德斯. 建筑诗学——设计理论[M]. 周玉鹏，张鹏，刘耀辉译. 北京：中国建筑工业出版社，2006.

[2]［日］宫宇地一彦. 建筑设计的构思方法——拓展设计思路[M]. 马俊，里妍译. 北京：中国建筑工业出版社，2006.

[3]［澳］澳大利亚Images出版集团. SOM建筑师事务所——世界建筑大师优秀作品集锦[M]. 北京：中国建筑工业出版社，2005.

[4]［美］诺曼K·布思. 风景园林设计要素[M]. 曹礼昆译. 北京：中国林业出版社，1989.

[5]［美］格兰特·W·里德. 园林景观设计——从概念到形式[M]. 郑淮兵译. 北京：中国建筑工业出版社，2010.

[6]［美］约翰·西蒙兹. 景观设计学—场地规划与设计手册[M]. 俞孔坚译. 北京：中国建筑工业出版社，2009.

[7]［英］罗宾·威廉姆斯. 庭院设计与建造[M]. 乔爱民译. 贵阳：贵州科技出版社，2001.

[8]［日］NIPPO电机株式会社. 间接照明[M]. 许东亮译. 北京：中国建筑工业出版社，2004.

[9]［日］中岛龙兴，近田玲子，面出薰. 照明设计入门[M]. 马俊译. 北京：中国建筑工业出版社，2005.

[10]［挪］诺伯格·舒尔茨. 场所精神——走向建筑的现象学[M]. 施植明译. 北京：中国建筑工业出版社，2010.

[11]卢安·尼森等. 美国室内设计通用教材[M]. 陈德民等译. 上海：上海人民美术出版社，2004.

[12]李钢，李保峰. 建筑快速设计基础[M]. 武汉：华中科技大学出版社，2009.

[13]李钢. 马克笔建筑表现技法[M]. 武汉：华中科技大学出版社，2007.

[14]韦爽真. 景观场地规划设计[M]. 西安：西安师范大学出版社，2008.

[15]薛加勇. 快题设计表现[M]. 上海：同济大学出版社，2008.

[16]黎志涛. 快速建筑设计100例（第3版）[M]. 江苏科学技术出版社，2009.

[17]黎志涛. 快速设计100问[M]. 南京：凤凰出版传媒集团江苏科学技术出版社，2006.

[18]彭一刚. 建筑空间组合论[M]. 北京：中国建筑工业出版社，1983.

[19]来增祥，陆震伟. 室内设计原理[M]. 北京：中国建筑工业出版社，2003.

[20]郑曙旸. 室内设计师培训教材[M]. 北京：中国建筑工业出版社，2009.

[21]童雯雯. 图解法在现代建筑设计中的典型运用方法解析[D]：[博士学位论文]. 上海：上海交通大学. 2009.

[22]吕健梅. 基于体验的建筑形象生成论[D]：[博士学位论文]. 哈尔滨：哈尔滨工业大学. 2010.

[23]张雯燕. 现象学视角下，当代建筑设计策略的再思考[D]：[硕士学位论文]. 深圳：深圳大学. 2011.

[24]姜永浩. 保罗·门德斯·达·洛查的新地域主义建筑创作研究[D]：[硕士学位论文]. 哈尔滨：哈尔滨工业大学. 2010.

[25]韩晓林. 马里奥·博塔的建筑语言解读[D]：[硕士学位论文]. 哈尔滨：哈尔滨工业大学. 2007.

[26]贾娇娇. 彼得·卒姆托建筑创作中的精细化表现研究[D]：[硕士学位论文]. 哈尔滨：哈尔滨工业大学. 2010.

[27]赵远鹏. 分形几何在建筑中的应用[D]：[硕士学位论文]. 大连：大连理工大学. 2003.

[28]韩颖. 浅析室内间接照明的情景表现[J]. 建筑与文化. 2011(2)：88-89.

[29]韩颖. 关于建筑结构美学的哲学思考[J]. 金陵科技学院学报. 2011(3)：9-13.

[30]韩颖. 南京台城景观与可持续设计初探[J]. 四川建筑科学研究. 2009(5)：228-231.

[31]薛滨夏，周立军，于戈. 从真实到概念——"建筑设计基础"课教学中空间意识培养[J]. 建筑学报. 2011(6)：29-31.

[32]刘延川. 图解的实践应用[J]. 建筑师. 2008(9)：86-87.

[33]刘华. 印度贝拉布尔低收入者住宅的设计解析[J]. 建筑师. 2007(7)：19-23.

[34]董春方，杨舶. 形体弱化及层次化——建筑造型及形态的一种倾向[J]. 建筑学报. 2003(6)：19-22.

[35]董莉莉，姚阳. 浅谈建筑学专业快题设计的应试技巧[J]. 高等建筑教育. 2006(9)：102-106.

[36]汪正章. 主题创作启思录评——《建筑创作中的立意与构思》[J]. 建筑学报. 2003(6)：46-47.

[37]闫力，杨昌鸣. 分形美学在建筑设计中的运用[J]. 哈尔滨工业大学学报(社会科学版). 2008(9)：22-26.

[38]李雨红，李桂文，薛义. 场所精神与知觉体验——从斯蒂文·霍尔创作的芬兰KIASMA谈起[J]. 华中建筑. 2007(1)：40-42.

[39]段进. "英雄主义建筑"与城市南京鼓楼邮政大楼设计评述[J]. 建筑学报. 1997（12）：16-18.